3ds Max 三维建模与动画项目教程

主 编 付海娟 马 倩
副主编 丁 蕊 乔寿合 高伟聪
      杨海燕 曹金鹏
参 编 王 梅 贾 佳 牛 群
      汤春华 万晓燕 袁 哲

北京理工大学出版社
BEIJING INSTITUTE OF TECHNOLOGY PRESS

内容提要

本书是依据《国家职业教育改革实施方案》要求校企合作编写的教材。本书分为模型制作篇和动画制作篇，共设计"简单场景模型制作""视觉设计类模型制作""道具、角色类模型制作""基础动画制作""商业动画制作"5个教学项目，由易到难设置15个实训任务。本书配有知识点及任务实施视频、教学课件、习题等信息化教学资源。本书基于工作岗位需求与Autodesk 3ds Max产品专员认证和ACAA三维模型师认证考试要求，引入企业典型工作任务，涵盖企业工作全流程设计"项目—任务"式教学内容，具有创新性、实践性，以"文化引领、精益求精"的课程思政要义的融入为支撑，进一步强化高等教育的特征，树立以学习者为中心的教学理念。

本书对接三维模型师和三维动画师岗位需求，适用于高等院校数字媒体类、动漫制作技术、建筑设计类专业。

版权专有　侵权必究

图书在版编目（CIP）数据

3ds Max三维建模与动画项目教程/付海娟，马倩主编. -- 北京：北京理工大学出版社，2023.7
 ISBN 978-7-5763-2597-3

Ⅰ.①3… Ⅱ.①付… ②马… Ⅲ.①三维动画软件—职业教育—教材　Ⅳ.①TP391.414

中国国家版本馆CIP数据核字（2023）第131464号

出版发行 / 北京理工大学出版社有限责任公司
社　　址 / 北京市丰台区四合庄路6号院
邮　　编 / 100070
电　　话 / （010）68914775（总编室）
　　　　　（010）82562903（教材售后服务热线）
　　　　　（010）68944723（其他图书服务热线）
网　　址 / http://www.bitpress.com.cn
经　　销 / 全国各地新华书店
印　　刷 / 河北鑫彩博图印刷有限公司
开　　本 / 889毫米×1194毫米　1/16
印　　张 / 10.5　　　　　　　　　　　　　　　　　　　责任编辑 / 钟　博
字　　数 / 293千字　　　　　　　　　　　　　　　　　文案编辑 / 钟　博
版　　次 / 2023年7月第1版　2023年7月第1次印刷　　　责任校对 / 周瑞红
定　　价 / 89.00元　　　　　　　　　　　　　　　　　责任印制 / 王美丽

图书出现印装质量问题，请拨打售后服务热线，本社负责调换

前言 PREFACE

　　党的二十大报告指出："为党育人、为国育才""用社会主义核心价值观铸魂育人""推进教育数字化，建设全民终身学习的学习型社会、学习型大国"。本书是依据《国家职业教育改革实施方案》要求校企合作编写的教材。本书在课程目标上，突出"应用型"人才培养，着重培养学生的三维建模能力、三维动画制作能力及创新能力；在课程内容上，注重技术与艺术相结合，做到结构严谨、体系完备，涵盖工作全流程，覆盖认证考试内容；在价值引领上，强化"文化引领 精益求精"的课程思政要义，通过在实训任务、课后拓展中融入思政元素，培养学生正确的价值观和审美观，加强学生职业精神的塑造，深入开展社会主义核心价值观教育，增强文化自信；在课程资源上，完善本书电子资源，推进教育数字化；在教学实施上，进一步强化高等教育的特征，树立以学习者为中心的教学理念，落实以实训为导向的教学改革要求。

　　本书根据3ds Max软件的主要应用领域将内容分为模型制作篇和动画制作篇，共设计5个教学项目。每个项目选用企业真实案例，由易到难设置任务，采用任务清单的模式编写，任务清单中包含任务导入、任务目标、工作标准、任务思考、任务评价等，利用任务清单可以引导学习者顺利完成学习。

　　本书适用于高等院校数字媒体类、动漫制作技术、建筑设计类专业，对接三维模型师和三维动画师岗位需求，具有创新性、实践性。

　　本书由山东外事职业大学教师和山东新视觉数码科技有限公司动画设计师共同编写。本书由山东外事职业大学付海娟、马倩担任主编，山东外事职业大学丁蕊、乔寿合、高伟聪、杨海燕和山东新视觉数码科技有限公司曹金鹏担任副主编，王梅、贾佳、牛群、汤春华、万晓燕、袁哲参加了本书的编写和电子教案的制作等工作。付海娟负责本书的构思及大纲的编写，并负责最终的统稿定稿工作。

　　本书在编写过程中参考了近年来3ds Max方面的教材、专著和文献，在此对相关作者表示衷心的感谢。

　　由于编者水平有限，书中难免存在疏漏和不妥之处，恳请各位读者批评指正，以便再版时更正。编者的电子邮箱：jnjsj@sdws.edu.cn。

编　者

目录 CONTENTS

第一篇 模型制作篇

项目一 简单场景模型制作 …………… 002

实训任务一　简约茶几模型制作 ………… 003
实训任务二　桌面静物场景制作 ………… 012
实训任务三　农场场景制作 ……………… 021

项目二 视觉设计类模型制作 …………… 033

实训任务一　镂空描金中国福模型制作 … 034
实训任务二　中秋节场景模型制作 ……… 043
实训任务三　生日舞台模型制作 ………… 053

项目三 道具、角色类模型制作 ………… 064

实训任务一　魔方模型制作 ……………… 065
实训任务二　火箭模型制作 ……………… 076
实训任务三　足球模型制作 ……………… 083
实训任务四　冰墩墩模型制作 …………… 091

第二篇 动画制作篇

项目四 基础动画制作 …………………… 104

实训任务一　弹跳的皮球动画制作 ……… 105
实训任务二　《新闻联播》片头动画制作 … 115
实训任务三　卷轴动画制作 ……………… 129

项目五 商业动画制作 …………………… 139

实训任务一　海边风景动画制作 ………… 140
实训任务二　宣传动画制作 ……………… 155

参考文献 …………………………………… 164

第一篇
模型制作篇

PROJECT ONE

项目一　简单场景模型制作

项目情境

3ds Max 是场景建模与动画制作的专业工具，要想制作出精美的场景模型，就需要掌握 3ds Max 的基本操作。本项目选择简约茶几模型作为入门案例，模型选择由易到难，能让读者循序渐进、快速地掌握需要的知识。在该案例中，先从场景搭建开始，而后还进行了构图和简单的材质贴图制作及灯光渲染，能让读者充分了解三维建模的基本流程。

学习目标

★知识目标：

1. 了解三维建模的基本工作流程。
2. 了解软件界面及功能模块。
3. 掌握三维建模基础知识。

★能力目标：

1. 学会安装与卸载 3ds Max 软件。
2. 能够利用 3ds Max 软件对标准基本体进行基本变换操作。
3. 能够熟练进行视图操作。

★素质目标：

1. 培养运用 3ds Max 进行基本操作的能力。
2. 培养对三维软件的学习兴趣。
3. 培养操作的规范意识和细致严谨的职业态度。

职业技能

1. Autodesk 3ds Max 产品专员：3ds Max 基础知识和基本操作部分（10%）。

2. ACAA 认证三维模型师：三维模型基础知识部分（2%）；3ds Max 软件基础部分（2%）；基本体建模部分（2%）；建模实操技能（8%）。

项目一　简单场景模型制作　003

实训任务一　简约茶几模型制作

任务清单 1　简约茶几模型制作

项目名称	任务清单内容
任务导入	本案例虽然简单，但是涵盖了 3ds Max 软件制作作品时所遵循的"建模—材质—灯光—渲染"基本工作流程。在本案例中，几何体均为系统内置的标准基本体，简单易学，能够让读者充分感受到 3ds Max 软件的基本功能和效果，接下来，请完成图 1-1 所示简约茶几模型的制作。 图 1-1
任务目标	1. 熟悉 3ds Max 软件的界面及自定义设置的方法。 2. 掌握 3ds Max 视图操作的基本方法。 3. 掌握圆柱体的创建及修改方法。 4. 掌握 3ds Max 中选择、移动、缩放等基本变换操作。 5. 了解 3ds Max 模型制作的基本工作流程。 6. 培养对三维软件的学习兴趣
工作标准	1. 茶几尺寸符合家具建模标准。 2. 模型结构合理、摄影机构图美观。 3. 能够在视图中显示出灯光阴影
任务思考	1. 怎样控制灯光产生的阴影？ 2. 摄影机安全框的作用是什么

	评价标准	自我评价	学生互评	教师评价	企业评价
任务评价	模型尺寸、结构合理（70 分）				
	灯光阴影表现自然（20 分）				
	摄影机构图合理（10 分）				
	总评（权重后综合得分）				

视频：简约茶几模型制作

※ 课前学习——知识准备

一、初识 3ds Max

3ds Max 是 Autodesk 公司出品的一款三维软件。3ds Max 在模型塑造、场景渲染、动画及特效等方面都能制作出高品质的对象，因此，3ds Max 在插画、影视动画、游戏、产品造型和效果图等领域中占据重要地位，成为全球最受欢迎的三维制作软件之一。图 1-2 展示了 3ds Max 在游戏、影视及建筑领域的应用。

《魔兽世界》中的角色造型　　　《阿凡达》中的影视特效

建筑漫游动画

图 1-2

二、使用 3ds Max 制作动画的一般流程

使用 3ds Max 制作动画的一般流程：前期准备→创建简易模型→设置镜头预演→细化模型→设置材质和灯光→渲染输出→后期处理。其中，从创建简易模型到渲染输出这 5 个环节主要是利用 3ds Max 软件进行，而后期处理主要利用 Premiere 和 After Effects 等软件进行。

三、熟悉 3ds Max 的工作界面

1. 软件启动

安装好 3ds Max 后，双击桌面上的图标 3 可打开软件，桌面快捷方式默认为英文版，我们可以执行"开始"→"所有程序"→"Autodesk"→"Autodesk 3ds Max"→"3ds Max Simplified Chinese"命令启动简体中文版。

2. 工作界面

3ds Max 工作界面各部分名称如图 1-3 所示。

项目一　简单场景模型制作　005

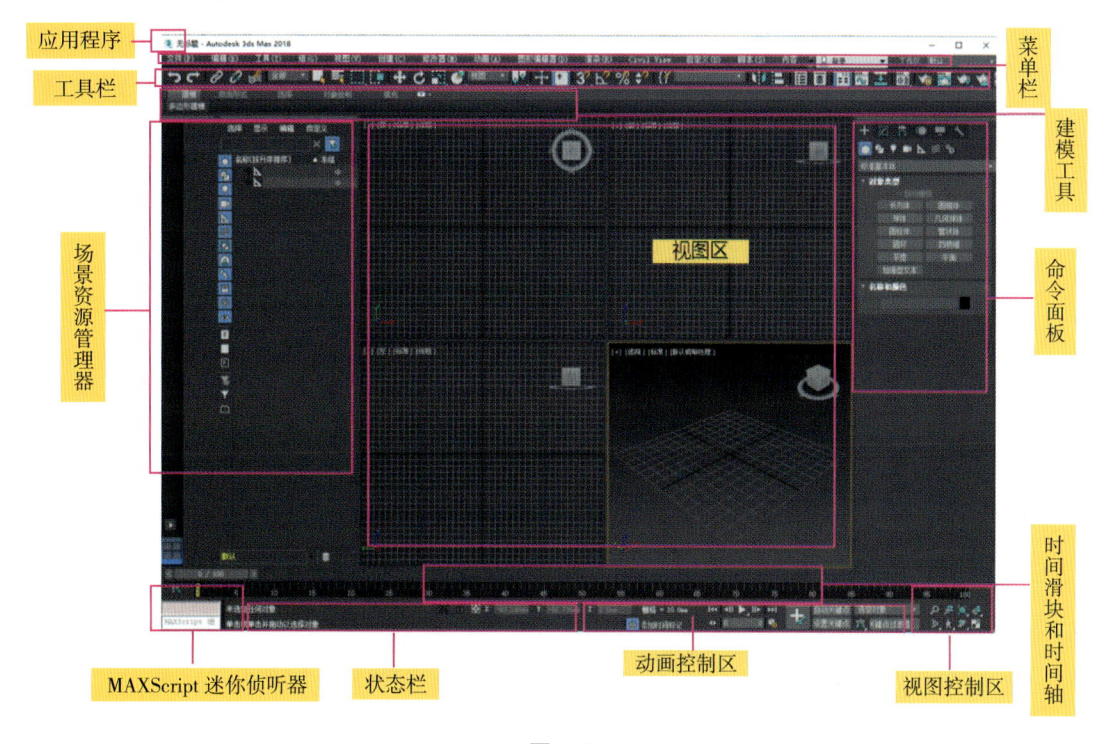

图 1-3

3. "应用程序"按钮

"应用程序"按钮位于 3ds Max 工作界面的左上角，单击该按钮将打开一个下拉菜单，从中选择相应的选项可执行新建、保存、打开、另存为、导入和导出场景文件等操作。

4. 工具栏

3ds Max 提供了许多工具栏，用来放置一些常用的命令按钮。要打开或关闭某工具栏，可在工具栏区的空白处单击鼠标右键，从弹出的快捷菜单中选择相应的菜单项。

小提示：如果某工具按钮的右下角带有三角符号，按住此按钮不放就会弹出一个按钮列表，该列表包含了当前按钮所属类别的其他工具按钮。

在默认状态下，"Ribbon""场景资源管理器"和"视口布局"选项卡分别停靠在界面的上方和左侧，可以通过拖曳虚线的方式将其移动到界面的其他位置，这时将以浮动的面板形态呈现在界面中，如图 1-4 所示，可以通过单击"关闭"按钮关闭对话框。

5. 视图区和视图控制区

工作界面中间的区域称为视图区，视图区是 3ds Max 的主要操作区域，所有对象的变换和编辑都在视图区中进行。默认界面显示顶视图、前视图、左视图和透视图 4 个

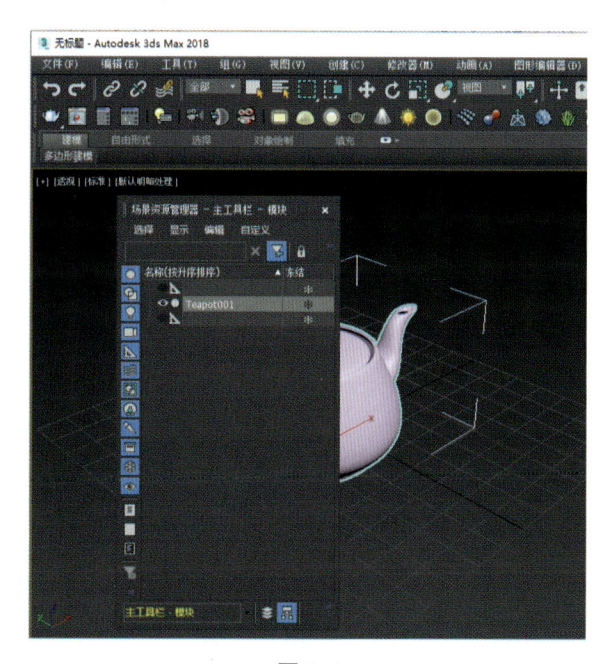

图 1-4

视频：视图区介绍

视频：视图控制

视图，用户可以从这4个视图中以不同的角度观察场景。

需要激活某一视图时，用鼠标箭头在某窗口内单击左键或右键即可。用鼠标单击右键激活视图可以保留原有选择对象，可以多使用这种方式进行操作。

3ds Max 的活动视图可以最大化显示，快捷键是 Alt+W，想要快速进行视图的切换可以直接使用不同视图的快捷键，例如：T=Top（顶视图）；F=Front（前视图）；L=Left（左视图）；P=Perspective（透视图）；C=Camera（摄像机视图）。

视图还可以不同的显示模式呈现，要设置视图显示模式，可单击显示模式名称，从弹出的下拉菜单中选择需要的视图显示模式，如图 1-5 所示。

图 1-5

右下角视图控制区中的工具用于调整视图，如缩放、平移和旋转视图等。

: 缩放当前活动视图；: 缩放所有视图；: 最大化显示选定对象（快捷键 Z）；: 所有视图最大化显示选定对象（按 Ctrl+Shift+Z 组合键）；: 最大化视口切换。

6. 命令面板

场景对象的操作都可以在"命令"面板中完成。如图 1-6 所示，"命令"面板由 6 个用户界面面板组成，默认状态下显示的是"创建"面板，其他面板分别是"修改"面板、"层次"面板、"运动"面板、"显示"面板和"实用程序"面板。

在"创建"面板中，可以创建 7 种对象，分别是几何体、图形、灯光、摄像机、辅助对象、空间扭曲和系统。

"修改"面板是最重要的面板之一，该面板主要用来调整场景对象的参数，同样可以使用该面板中的修改器来调整对象的几何形体，"修改"面板如图 1-7 所示。

图 1-6 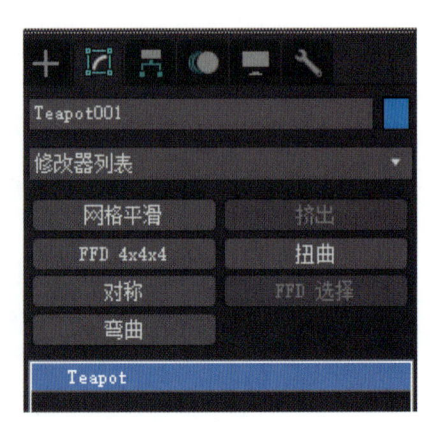   图 1-7

四、3ds Max 对象的选择、移动、旋转、缩放操作

1. 选择对象

主工具栏中的选择对象 ![图标]（快捷键 Q）用于选择鼠标单击的对象，![图标] 矩形选择区域按钮可以设置鼠标框选时所绘制的区域形状。

单击"按名称选择"按钮 ![图标]（快捷键 H）会弹出"从场景选择"对话框，在该对话框中选择对象的名称后，单击"确定"按钮即可将其选择。如果要选择隔开的多个对象，可以按住 Ctrl 键依次单击对象的名称；如果要选择连续的多个对象，可以按住 Shift 键依次单击首尾的两个对象名称，然后单击"确定"按钮。

小提示： 如果当前已经选择了部分对象，那么，按住 Ctrl 键可以进行加选，按住 Alt 键可以进行减选；想要反选其他的对象，可以按 Ctrl+I 组合键来完成；按 Ctrl+D 组合键可以取消对象的选择。

另外，还可以将选择的对象单独显示出来，以方便对其进行编辑，切换孤立选择对象的方法主要有以下两种：按 Alt+Q 组合键或在视图中单击鼠标右键，然后在弹出的菜单中执行"孤立当前选择"命令，结束孤立显示可以在弹出的菜单中执行"结束隔离"命令。

在场景中如果有多种类型的对象同时存在，可以利用选择过滤器分类选择，单击主工具栏上的 ![全部] 按钮，在下拉列表中选择一种类型的对象后，将只能选择该类型对象，不需要过滤时更改为"全部"即可。

2. 选择并移动对象

"选择并移动"工具 ![图标]（快捷键 W），主要用来选择并移动对象。在默认的 4 个视图中只有透视图显示的是 X、Y、Z 这 3 个轴向（对应颜色为红色、绿色、蓝色，对应选择快捷键为 F5、F6、F7）。当对应轴向变黄时，可以进行该方向的移动。

3. 选择并旋转对象

"选择并旋转"工具 ![图标]（快捷键 E），主要用来选择并旋转对象。

4. 选择并缩放对象

"选择并缩放"工具（快捷键 R），主要用来选择并缩放对象，该工具组中包含 3 种缩放工具，使用"选择并均匀缩放" ![图标] 工具可以沿 3 个轴以相同量缩放对象，同时保持对象的原始比例；使用"选择并非均匀缩放" ![图标] 工具可以根据活动轴约束以非均匀方式缩放对象；使用"选择并挤压"工具 ![图标] 可以创建"挤压和拉伸"效果，3 种不同缩放效果如图 1-8 所示。

图 1-8

五、自定义用户方案

1. 自定义用户界面

单击自定义菜单中的"自定义用户界面"选项，会弹出图 1-9 所示的对话框。在该对话框中可以创建一个完全自定义的用户界面，包括键盘、鼠标、工具栏、四元菜单、菜单和颜色。

2. 自定义用户方案

单击自定义菜单中的"加载自定义用户界面方案"选项，会弹出图 1-10 所示的对话框，在该对话框中可以选择不同的用户界面。

3. 单位设置

单击自定义菜单中的"单位设置"选项，会弹出图 1-11 所示的对话框，在该对话框中可以在通用单位和标准单位之间进行选择。一般"显示单位比例"与"系统单位比例"一致，如可以将两者均设置为"毫米"。

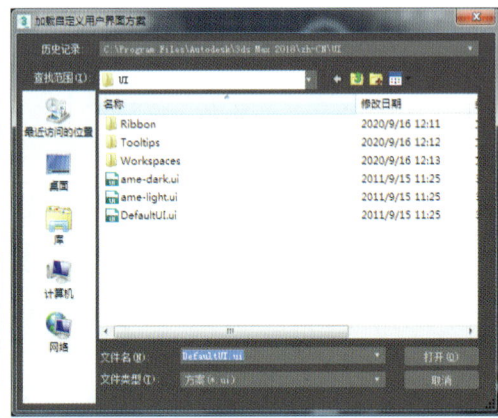

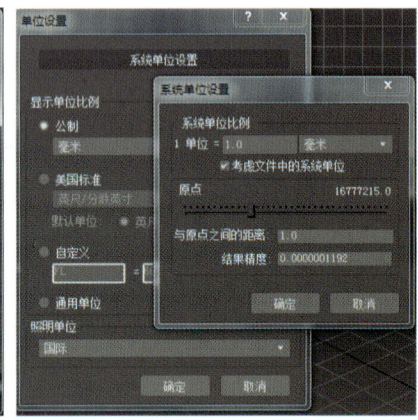

图 1-9   图 1-10   图 1-11

※ 课中实训——任务解析

一、实训指导

（1）利用平面和圆柱制作模型；运用选择、移动、缩放等工具进行模型调整；使用泛光灯为场景布光；借助摄影机视图进行构图。

（2）搭积木式建模方法。初学 3ds Max，可以采用搭积木的思路在软件中进行三维建模操作，建模之前可以根据草图对模型进行分解，分解为 3ds Max 提供的基础几何体后利用多个视图进行创建和搭建。初学建模要养成利用顶视图、前视图、左视图进行建模和修改，利用透视图进行观察的习惯。

二、模型制作

（1）单击自定义菜单中的"单位设置"选项，在弹出的图 1-11 所示的对话框中将"显示单位比例"与"系统单位比例"均设置为毫米；在"创建"面板中选择圆柱体，在顶视图拖动创建圆柱体。

（2）修改圆柱体参数如图 1-12 所示。

（3）选择圆柱体，在时间轴下方参数栏将圆柱体位置归零，如图 1-13 所示。

图 1-12

图 1-13

（4）单击鼠标右键切换至前视图，选择"移动"工具按住 Shift 键进行移动复制，如图 1-14 所示。

图 1-14

（5）单击鼠标右键切换至透视视图，选择"缩放"工具的 xy 平面进行缩放，将茶几底座缩放至合适大小。

（6）选择底部圆柱，选择移动工具按住 Shift 键向上进行移动复制，利用"缩放"工具在 xy 平面进行缩放，效果如图 1-15 所示。

（7）在顶视图拖动创建圆柱，调整圆柱的高度和位置，作为茶几的支柱。

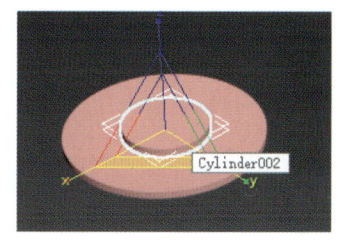

图 1-15

三、材质制作

（1）按 F10 键设置渲染器为"扫描线渲染器"，按 M 键打开材质编辑器，单击"模式"切换至"精简材质编辑器"，设置材质类型为"standard"，选择一个空样本球，设置漫反射颜色为白色，将材质赋予茶几模型，渲染效果如图 1-16 所示。

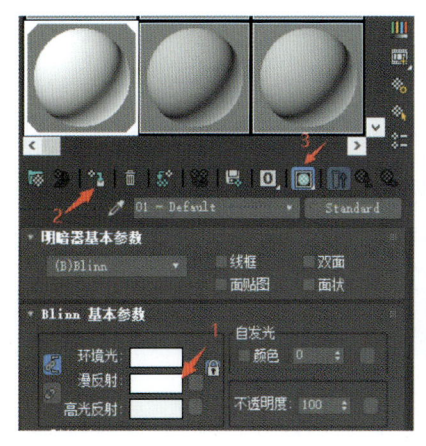

图 1-16

（2）在创建面板中，选择标准基本体——平面，在顶视图创建一个 10 000 mm × 10 000 mm 的平面作为地面，调整平面长度分段和宽度分段为 1，调整平面位置，为平面制作棕色材质，效果如图 1-17 所示。

图 1-17

四、灯光制作及摄影机构图

（1）创建灯光。执行"创建面板"→"灯光"→"标准"→"泛光灯"命令，在桌面上方创建两盏泛光灯，选择右上方灯光，单击进入"修改"面板，勾选阴影中的"启用"复选框，修改阴影类型为"区域阴影"，如图 1-18 所示。

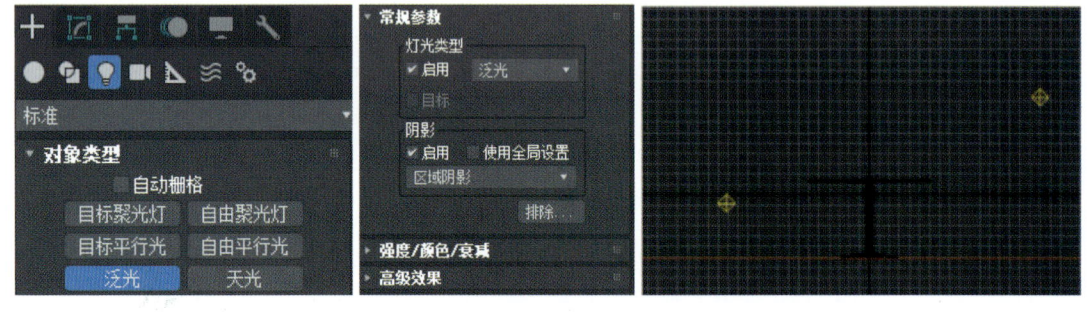

图 1-18

（2）创建摄影机。执行"创建面板"→"摄影机"→"目标摄影机"命令，在顶视图创建一个摄影机，调整顶视图和左视图摄影机位置如图 1-19 所示。

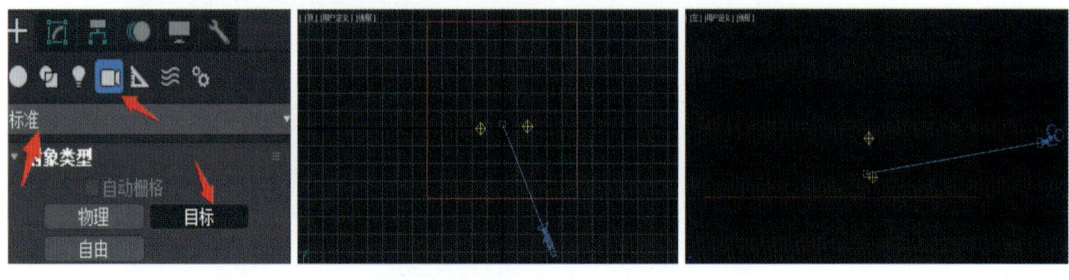

图 1-19

（3）构图。选中透视视图，按 C 键将透视视图转换为摄影机视图，按 Shift+F 组合键打开安全框，此时可以继续调整摄影机位置，直至摄影机视图效果如图 1-20 所示。

（4）渲染。选择摄影机视图，按 Shift+Q 组合键进行快速渲染，渲染效果如图 1-21 所示。

图 1-20　　　　　　　　　　　图 1-21

五、举一反三

尝试在茶几表面创建茶壶和茶杯，注意茶具之间及其与茶几表面的位置关系要恰当。

※ 课后拓展

其他常见的建模软件

Autodesk 公司除 3ds Max 可以用于建模外，还有大名鼎鼎的 Maya 和 Revit 两款软件。Maya 与 3ds Max 的功能比较相似，但 Maya 更擅长如人物角色等高模的制作，广告影视公司和游戏公司一般用 Maya，而效果图公司和建筑动画公司一般用 3ds Max；Revit 是 Autodesk 公司一套系列软件的名称，是专为建筑信息模型（BIM）构建的，可以帮助建筑设计师设计、建造和维护质量更好、能效更高的建筑，Revit 是我国建筑业 BIM 体系中使用最广泛的软件之一。除 Maya 和 Revit 外，还有一些其他的建模软件，如 ZBrush（用于雕刻各种角色模型）、Rhino（用于设计珠宝、气模、建筑、鞋模和船舶等）和 SketchUp（用于城市规划设计、园林景观设计、建筑方案设计、室内设计、工业设计和游戏动漫设计）等。常见建模软件图标如图 1-22 所示。

图 1-22

实训任务二　桌面静物场景制作

任务清单 2　桌面静物场景制作

项目名称	任务清单内容
任务导入	学习过素描的同学看到这个石膏静物场景是否深有感触，是否脑海中还会回忆起当年染满颜色的双手和坚持不懈的努力？石膏静物场景主要由标准基本体组成，在制作时需要考虑几何体之间的位置关系及明暗关系，接下来，就让我们一起在 3ds Max 中完成图 1-23 所示的三维桌面静物场景模型的制作。 图 1-23
任务目标	1. 掌握标准基本体的创建及修改方法。 2. 掌握对齐工具的使用方法。 3. 提升三维空间建模能力，培养三思而后行的工作习惯
工作标准	1. 在三视图操作，几何体尺寸比例要合理、形体结构要准确。 2. 几何体之间相对位置关系准确无误。 3. 根据操作规范归零操作
任务思考	1. 几何体修改命令面板中的颜色作用是什么？它与材质编辑器中漫反射的颜色有什么区别？ 2. 在进行对齐操作时，如何判断对齐所使用的轴向？ 3. 不同的标准基本体在不同视图中创建效果相同吗？为什么
任务评价	评价标准 | 自我评价 | 学生互评 | 教师评价 | 企业评价 模型尺寸、结构、位置关系合理（60 分） 光影效果表现自然（20 分） 渲染设置正确，图片效果佳（20 分） 总评（权重后综合得分）

视频：桌面静物

※ 课前学习——知识准备

一、变换复制操作

按住 Shift 键的同时，利用移动、旋转或缩放工具变换对象可以实现复制操作，复制后可以打开图 1-24 所示的"克隆选项"对话框，在该对话框中有 3 种克隆方式，分别是"复制""实例"和"参考"，副本数可以设置复制数量。

"复制"：将创建原始对象的副本对象，对原始对象或副本对象中的一个进行编辑，另外的对象不会受到任何影响。

"实例"：若对原始对象或副本对象中的一个进行编辑，另外的对象也会跟着发生变化。

"参考"：若对原始对象进行编辑，另外的对象也会跟着变化，反之，子对象无法影响父对象。

二、角度捕捉工具

"角度捕捉切换"工具 可以用来指定捕捉的角度（快捷键 A），鼠标右键单击该工具后，将弹出图 1-25 所示的"栅格和捕捉设置"对话框，角度值将影响所有的旋转变换角度。在默认状态下以 5°为增量进行旋转。

三、对齐工具

对齐工具包括 6 种，分别是"对齐"工具、"快速对齐"工具、"法线对齐"工具、"放置高光"工具、"对齐摄影机"工具和"对齐到视图"工具。

最常用的"对齐"工具 （快捷键 Alt+A）可以将当前选定对象与目标对象进行对齐。

接下来以将茶壶对齐到桌面中心为例，练习"对齐"工具的使用方法：

（1）在顶视图创建一个圆柱作为桌面，继续在顶视图创建一个茶壶，效果如图 1-26 所示。

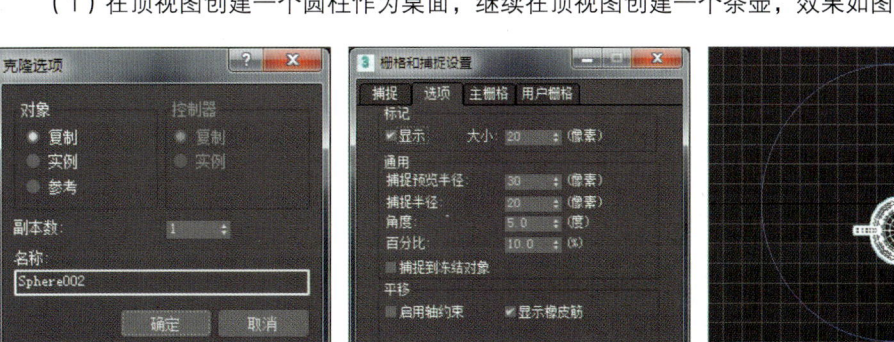

图 1-24　　　　　　图 1-25　　　　　　图 1-26

（2）在前视图先选择桌面，然后按 Alt+A 组合键激活"对齐"工具，再单击茶壶，在弹出的"对齐当前选择"对话框中，勾选 X、Y、Z 三个位置的复选框，当前对象及目标对象都选择"中心"对齐，单击"应用"按钮后效果如图 1-27 所示。

（3）取消 X、Z 位置复选框的勾选，仅保留 Y 位置勾选，当前对象选择"最大"，目标对象选择"最小"，单击"应用"按钮后效果如图 1-28 所示。

图 1-27

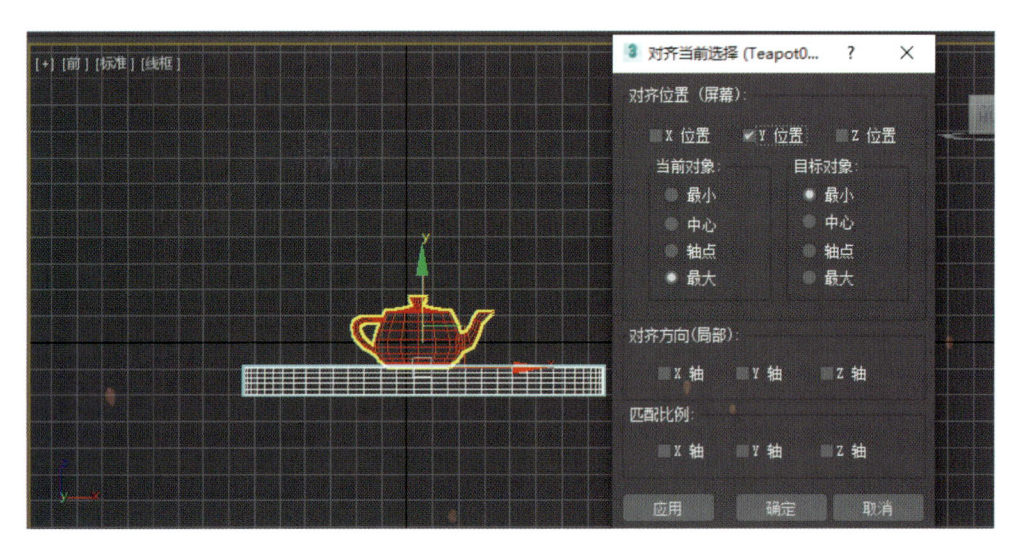

图 1-28

"快速对齐"的快捷键为 Shift+A，可以立即将当前选择对象的位置与目标对象的位置进行对齐。如果当前选择的是单个对象，那么"快速对齐"需要使用到两个对象的轴；如果当前选择的是多个对象或多个子对象，则使用"快速对齐"可以将选中对象的选择中心对齐到目标对象的轴。

"法线对齐"的快捷键为 Alt+N，以每个对象的面或是以选择的法线方向来对齐两个对象。要打开"法线对齐"对话框，首先要选择对齐的对象，然后单击对象上的面，接着单击第 2 个对象上的面，释放鼠标后就可以打开"法线对齐"对话框。

小提示： X/Y/Z 位置：用来指定要执行对齐操作的一个或多个坐标轴。同时勾选这 3 个的复选框，可以将当前对象重叠到目标对象上。

最小：将具有最小 x/y/z 值对象边界框上的点与其他对象上选定的点对齐。

中心：将对象边界框的中心与其他对象上的选定点对齐。

轴点：将对象的轴点与其他对象上的选定点对齐。

最大：将具有最大 x/y/z 值对象边界框上的点与其他对象上选定的点对齐。

※ 课中实训——任务解析

一、实训指导

（1）利用长方体、几何球体、圆柱体等制作模型；运用变换复制、"对齐"工具和"角度捕捉"工具进行建模操作；使用泛光灯为场景布光；借助摄影机视图进行构图。

（2）几何体组合建模的思路。3ds Max 提供了 11 个标准基本体及 13 个扩展基本体，每个几何体都具有多项参数，调整这些参数可以让几何体呈现不同的造型，可以利用这些几何体进行组合建模。在进行建模时，可以先根据效果草图将模型结构进行分解，把完整的模型拆分成简单的几何体以后再进行组合，如图 1-29 所示。

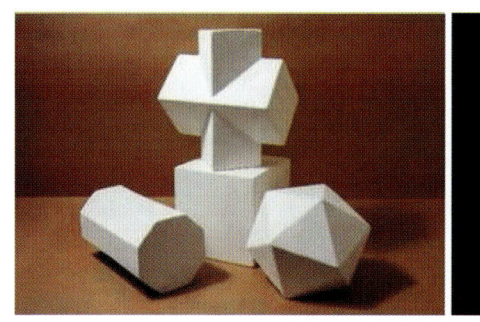

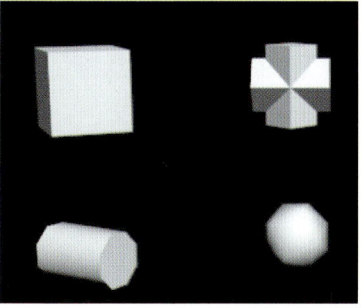

图 1-29

（3）模型的分段数。3ds Max 中的几何体都会具有分段数参数，多余的分段会造成不必要的资源浪费，在进行建模的过程中，我们要综合考虑模型的尺寸、比例、交叉等问题，给几何体保留必要的分段数。

二、模型制作

（1）单击自定义菜单中的"单位设置"选项，在弹出的图 1-11 所示的对话框中将"显示单位比例"与"系统单位比例"均设置为"毫米"；执行"创建面板"→"几何体"→"标准基本体"→"长方体"命令，在顶视图创建一个长方体作为桌面，修改长方体名称为"桌面"，长方体具体参数如图 1-30 所示。鼠标右键单击"移动"工具，在弹出的对话框中，将"绝对：世界"坐标值均设置为 0，进行归零操作。

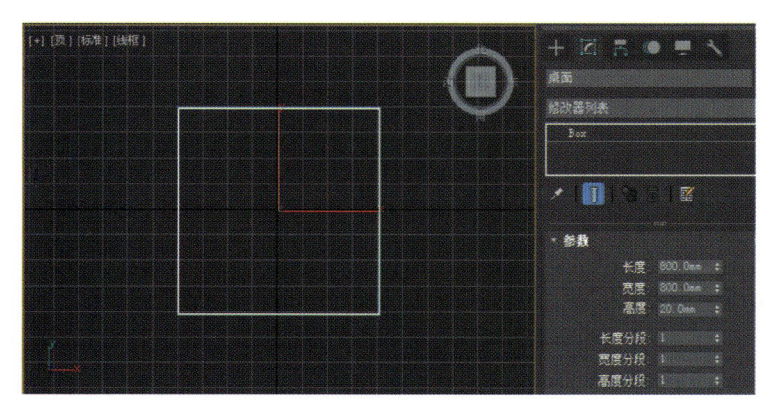

图 1-30

（2）继续在顶视图创建长方体，修改长方体名称为"桌腿"，其参数设置如图1-31所示。

（3）在顶视图选择桌腿，单击"对齐"工具后再单击桌面，在弹出的"对齐"对话框中选择Y位置，设置当前对象和目标对象坐标为"最大"，单击"应用"按钮后继续选择X位置，设置当前对象和目标对象坐标为"最小"，单击"应用"按钮。鼠标右键单击切换至前视图，继续进行对齐操作，选择Y位置，设置当前对象坐标为"最大"，目标对象坐标为最小，单击"确定"按钮。3个方向的对齐参数如图1-32所示。

图 1-31

图 1-32

（4）复制出其余3个桌腿并进行与桌面的对齐操作。

（5）在桌面创建一个长方体垫板并调整角度如图1-33所示，在前视图将垫板与桌面对齐。

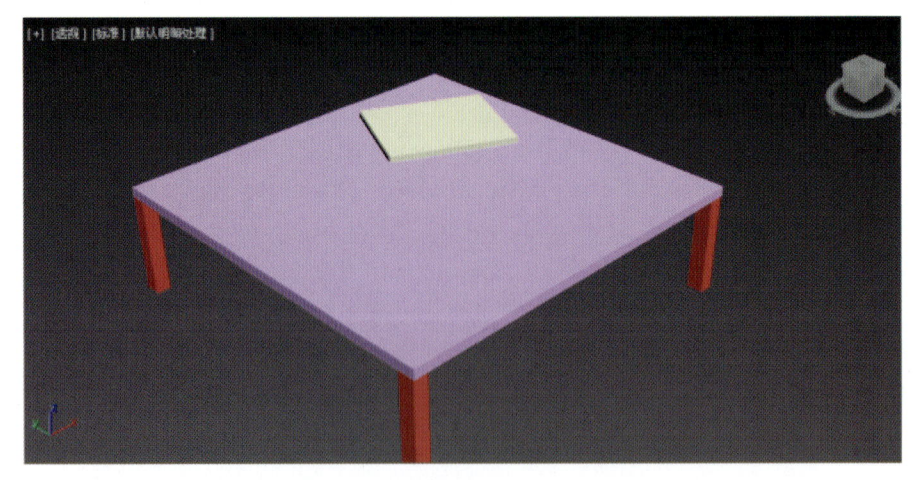

图 1-33

（6）选择顶视图，在垫板上创建茶壶并在前视图进行底面对齐操作，选择茶壶，在"修改"面板中取消勾选壶盖复选框，效果如图1-34所示。

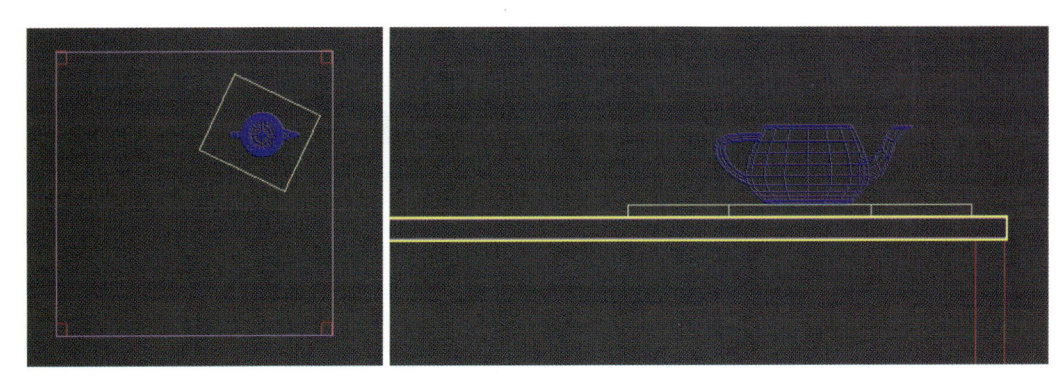

图 1-34

（7）创建一个茶壶，只保留壶盖，取消其他部件的勾选，调整壶盖位置及参数，如图 1-35 所示，注意茶壶和盖子之间的空间位置关系。

图 1-35

（8）选择顶视图，在桌面上创建一个长方体，切换到前视图将长方体与桌面对齐，选择"旋转"工具，按 A 键打开"角度捕捉"工具，按住 Shift 键沿着 Z 轴将长方体旋转 90°进行复制，单击"对齐"工具，将两个长方体对齐，对齐效果如图 1-36 所示。

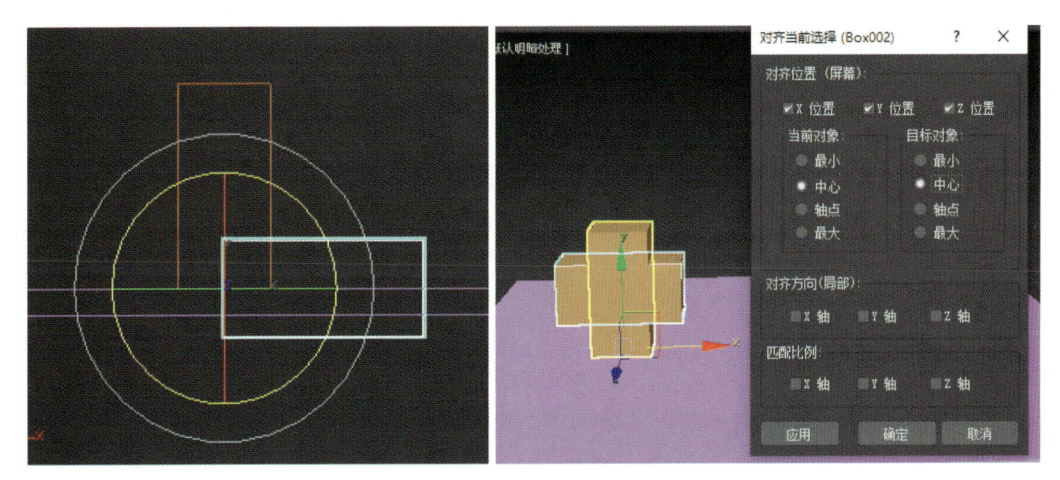

图 1-36

（9）分别选中两个长方体，利用"旋转"工具各旋转 45°，达到图 1-37 所示的效果，选择两个长方体，执行"组菜单"→"组"命令，将该组命名为几何体。

（10）在桌面创建一个正方体，利用"移动"工具和"对齐"工具将其摆放在图 1-38 所示的位置。

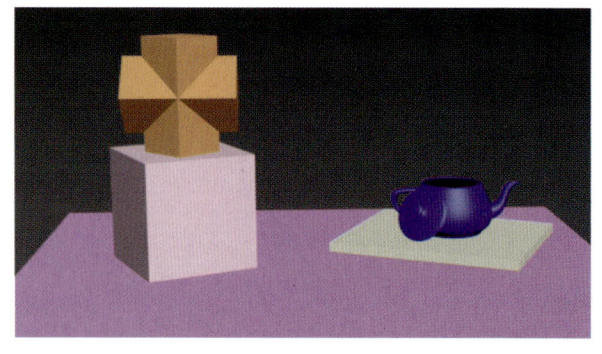

图 1-37　　　　　　　　　　　　　　　　图 1-38

（11）在前视图创建一个圆柱，取消勾选"平滑"复选框，修改参数如图 1-39 所示，鼠标右键单击"角度捕捉"工具，修改角度为 2.5°，在前视图利用旋转工具沿着 Z 轴将柱体顺时针旋转 22.5°，对齐旋转后效果如图 1-40 所示。

（12）选择标准基本体中的几何球体，创建一个几何球体，取消勾选"平滑"复选框，调整参数和位置如图 1-41 所示。

图 1-39

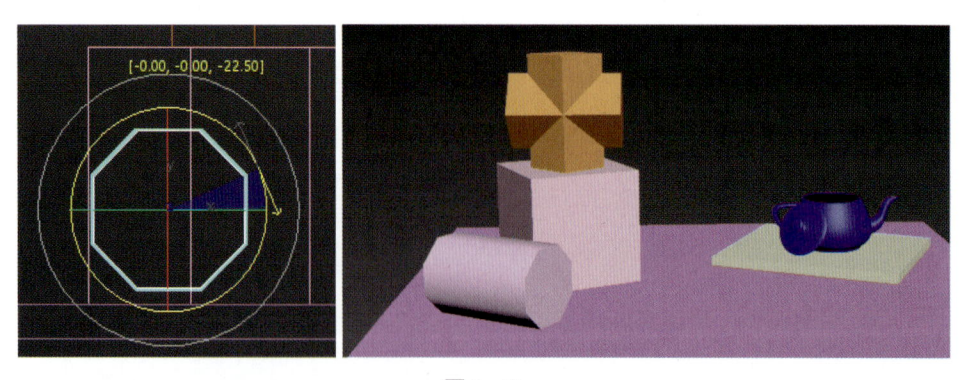

图 1-40

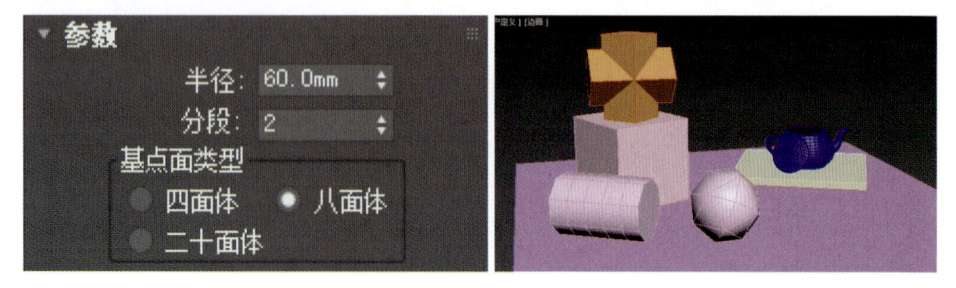

图 1-41

三、材质制作

按 M 键打开材质编辑器，选择一个空样本球，将漫反射颜色设置为白色，按 Ctrl+A 组合键全选所有几何体，将材质赋予几何体，选择"修改"面板将所有几何体颜色设置为黑色，按 Ctrl+D 组合键取消所有选择，在透视图观察整体效果，材质设置及效果如图 1-42 所示。

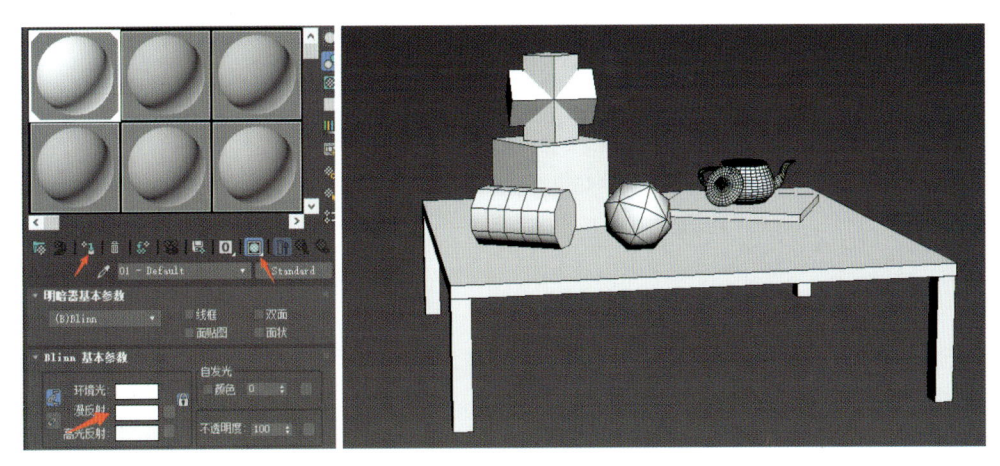

图 1-42

四、灯光制作及摄影机构图

在场景中创建灯光和摄影机，调整位置如图 1-43 所示，将透视视图按 C 键切换为摄影机视图，按 Shift+F 组合键打开安全框，调整构图。

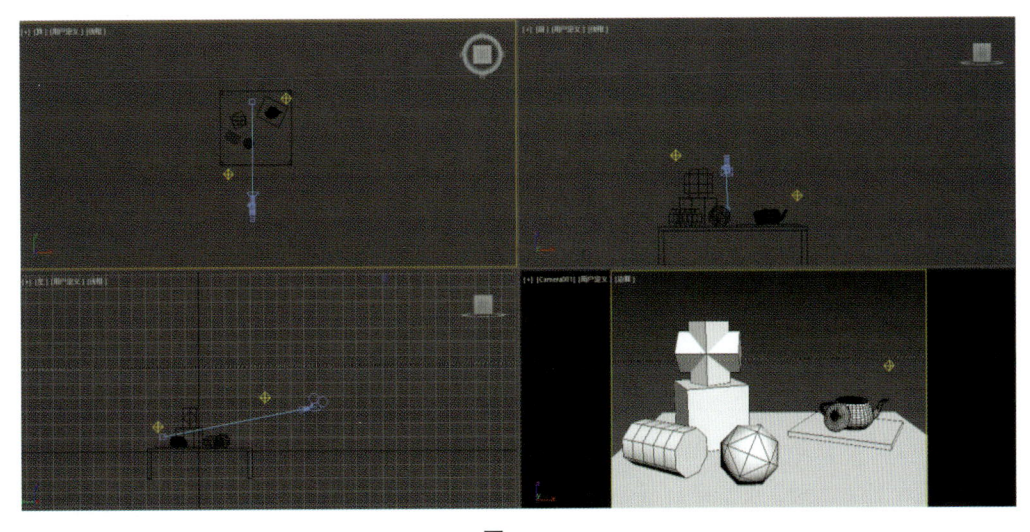

图 1-43

五、渲染输出

按 F10 键打开"渲染设置"对话框，在公用选项卡中的渲染输出栏中单击"文件"按钮，设置文件类型为"JPEG"，设置好文件名称和保存路径后单击"渲染"按钮，最终渲染效果如图 1-44 所示。

图 1-44

六、举一反三

查找几何体建模优秀作品并进行评析，运用基本体进行创意模型制作。

※ 课后拓展

1. 内置几何体在商业建模中承担的角色

3ds Max 的内置几何体是高级建模的基础。在工作过程中，比较常用的内置几何体有长方体、圆柱体、球体、茶壶、平面等。内置几何体只要运用得当，就可以制作出很多有创意的优秀作品，同时，还可以将内置模型转换为可编辑对象或配合修改器来使用，制作出精美的模型。

2. 自动备份文件

有时，由于一些失误操作，可能会导致 3ds Max 崩溃，这时 3ds Max 会自动将当前文件保存在 C:\Users\Administrator\Documents\3ds Max\autoback 路径下，重启 3ds Max 后，在此处可以找到自动保存的备份文件，但自动备份文件会出现贴图缺失的情况，需要重新链接贴图文件。因此，要养成及时保存文件的良好习惯。

另外，还可以执行"文件"菜单→"首选项"命令弹出如图 1-45 所示"首选项设置"对话框，在对话框的文件选项卡中设置自动备份的文件数及备份间隔时间。

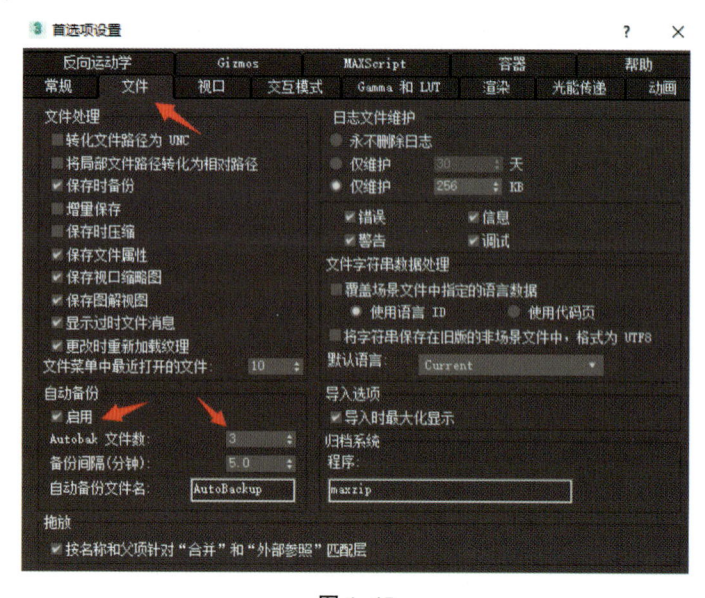

图 1-45

项目一　简单场景模型制作　021

实训任务三　农场场景制作

任务清单 3　农场场景制作

项目名称	任务清单内容
任务导入	"挽起袖子拿起锹，翻土浇水育新苗。"各类开心农场游戏伴随人们度过了愉快的时光，现实生活中的开心农场也让我们真正地感受到向上的生命力量，体验到劳动的价值和丰收的喜悦。今天，我们就要在 3ds Max 中模仿制作农场场景中部分建筑物。本案例将运用 3ds Max 内置几何体配合修改器进行建模，主要完成图 1-46 中房屋、谷仓及风车的主体制作，学有余力的同学还可以尝试利用 AEC 扩展对象制作出栅栏和植物。 图 1-46
任务目标	1. 掌握 3ds Max 中镜像复制、阵列复制的方法。 2. 掌握 3ds Max 中弯曲、锥化、FFD 等修改器的使用方法。 3. 掌握 3ds Max 参考坐标系知识，熟悉更改坐标系统的方法。 4. 培养学生耐心细致的工作习惯和细致严谨的职业态度
工作标准	1. 根据游戏模型建模标准控制模型面数。 2. 同一场景中的模型单位设置要求一致，避免产生漏缝模型，模型与模型之间的比例要正确
任务思考	1. 调整参考坐标系时，不同的工具需要分别进行调整吗？ 2. 当对几何体添加修改器后调整修改参数没有效果一般是什么原因造成的
任务评价	评价标准 | 自我评价 | 学生互评 | 教师评价 | 企业评价 模型尺寸、结构、位置关系合理（80 分） 材质表现精细、真实（10 分） 渲染设置正确，图片效果佳（10 分） 总评（权重后综合得分）

视频：风车模型制作

视频：谷仓模型制作

视频：农场房屋模型制作

※ 课前学习——知识准备

一、镜像复制

除变换复制操作外，还可以利用"镜像"工具及阵列间隔等工具进行复制。

使用"镜像"工具可以围绕一个轴心镜像生成副本对象。选中要镜像的对象后，单击"镜像"工具，可以打开"镜像：屏幕坐标"对话框，在该对话框中可以对"镜像轴""克隆当前选择"及镜像偏移量等进行设置。需要注意的是，在进行镜像时仅需要参考活动视图坐标轴。图1-47所示为在前视图沿着X轴进行镜像复制。

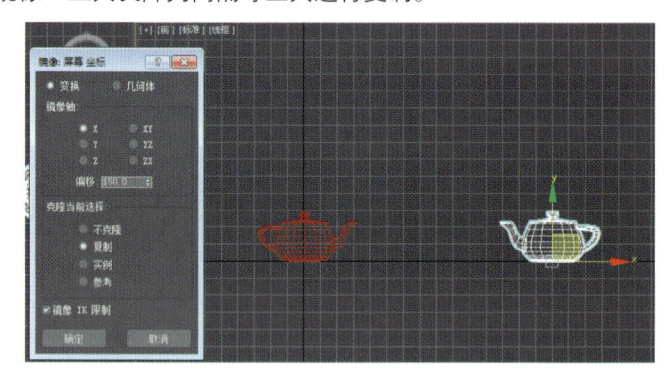

图 1-47

二、阵列复制

阵列复制功能可以用于创建当前选择物体的阵列，可以产生一维、二维和三维的阵列复制，常用于大量有序的复制物体。

在设置窗口中，上半部分用来设置复制出的物体与原物体之间所进行的移动、旋转和缩放的值，可以设置为增量值，也可以设置为总量值，增量值乘以1D数量即为总量值。

在进行阵列操作时，坐标轴也以活动窗口为准，同时要根据实际情况进行参考坐标系和轴心的变换。阵列中的重新定向可以让几何体在进行旋转复制时自身也会旋转来配合角度的变换，如图1-48所示。

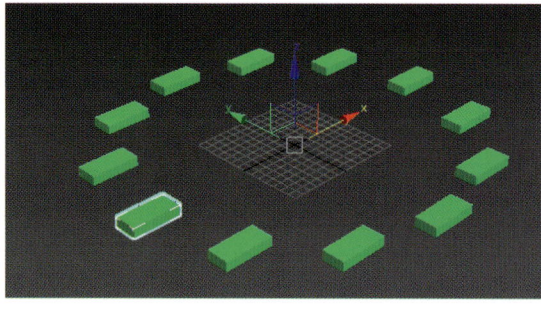

未勾选重新定向 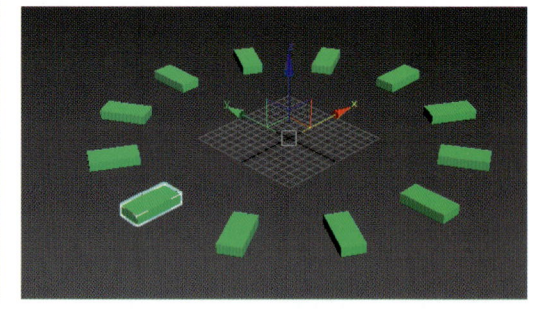　　　　　　　勾选重新定向

图 1-48

实例操作——DNA 分子链的制作

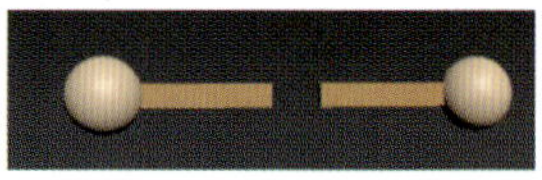

（1）在前视图创建一个球体及一个长方体，镜像复制1份，将两者成组，效果如图1-49所示。

图 1-49

（2）用鼠标右键单击切换至透视视图，选择"工具"菜单中的"阵列"选项，弹出"阵列"对话框，设置 Z 轴增量为 80.0，Z 轴旋转为 30.0，1D 数量为 30，2D 数量为 2，2D 沿 Y 轴偏移为 100.0，单击"确定"按钮完成操作，阵列参数及效果如图 1-50 所示。

图 1-50

三、间隔复制

3ds Max 中的"间隔"工具可以使物体沿指定的路径进行等距复制，"间隔"工具可以通过执行"工具"菜单→"对齐"→"间隔"工具命令（按 Shift+I 组合键）打开。

例如，在前视图创建一个球体并绘制一条曲线，打开"间隔"工具后单击"拾取路径"按钮，选择创建好的曲线，设置"计数"为 5，间隔复制效果如图 1-51 所示。

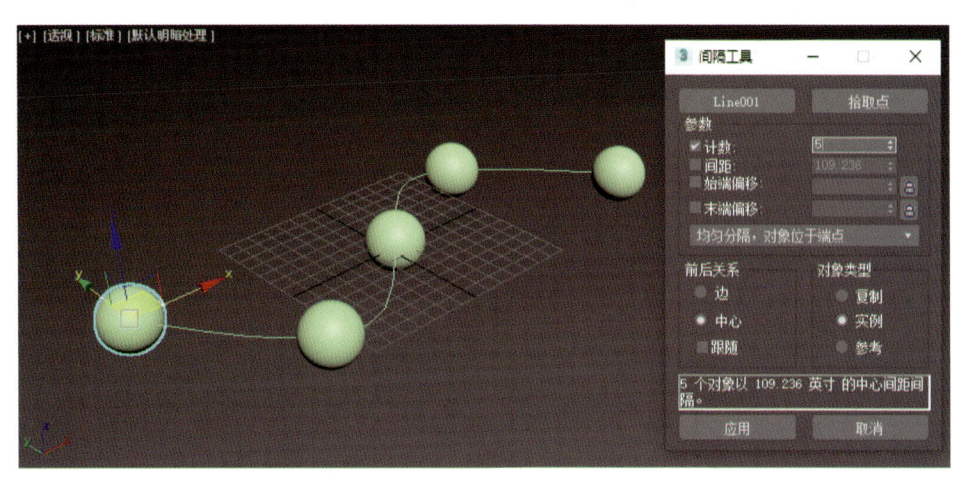

图 1-51

四、弯曲修改器

弯曲修改器可以使物体在任意 3 个轴上控制弯曲的角度和方向，也可以对几何体的一段限制弯曲效果，其参数设置面板如图 1-52 所示。

角度：从顶点平面设置要弯曲的角度。

方向：设置弯曲相对于水平面的方向。

X/Y/Z：指定要弯曲的轴，默认轴为Z轴。

限制效果：将限制约束应用于弯曲效果。

上限：以世界单位设置上部边界，该边界位于弯曲中心点的上方，超出该边界，弯曲就不再影响几何体。

下限：以世界单位设置下部边界，该边界位于弯曲中心点的下方，超出该边界，弯曲就不再影响几何体。在使用"弯曲"修改器时，弯曲轴向上的分段与弯曲效果有直接的关系，可以理解为分段越高，弯曲效果越好。

以平面为例，在透视视图中创建一个分段为20×20的平面，为其添加"弯曲"修改器，设置弯曲角度为-90°、弯曲轴为X轴，勾选"限制效果"复选框，设置"上限"为45，弯曲效果如图1-52所示。

五、锥化修改器

锥化修改器通过缩放几何体的两端产生锥化轮廓。锥化可以在两组轴上控制锥化的量和曲线，也可以对几何体的一段限制锥化。数量值可以控制锥化程度，曲线值可以调整锥化的边缘效果，"对称"可以在数量为0时制作出对称效果。在进行锥化操作时，几何体要有一定的分段数。不同参数的锥化效果如图1-53所示。

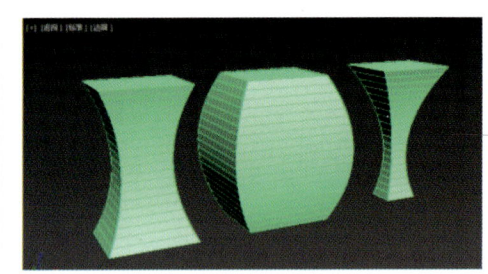

图 1-52

图 1-53

六、FFD 修改器

FFD是"自由变形"的意思，FFD修改器即"自由变形"修改器。FFD修改器包含5种类型，分别是FFD 2×2×2修改器、FFD 3×3×3修改器（图1-54）、FFD 4×4×4修改器、FFD（长方体）修改器和FFD（圆柱体）修改器。这种修改器是先使用晶格框包围住选中的几何体，然后通过调整晶格的控制点来改变封闭几何体的形状。同样，几何体的分段数也将影响最终的显示效果。

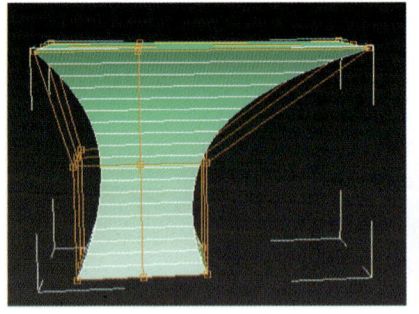

图 1-54

> **小提示**：如果想要删除某个修改器，不可以在选中某个修改器后按Delete键，这样操作删除的将会是物体本身而非单个的修改器。如果要删除某个修改器，需要先选择该修改器，然后单击鼠标右键，在弹出的快捷菜单中选择删除，或者直接单击"从堆栈中移除修改器"按钮 🗑 即可。

如果按住 Ctrl 键将一个对象的修改器拖曳到其他对象上，可以将这个修改器以实例模式粘贴到其他对象上；如果按住 Shift 键将其拖曳到其他对象上，相当于将源物体上的修改器剪切后粘贴到新对象上。

七、3ds Max 的参考坐标系

3ds Max 的"参考坐标系"可以用来指定变换操作（如移动、旋转、缩放等）所使用的坐标系统，包括视图、屏幕、世界、父对象、局部、万向、栅格、工作和拾取9种坐标系，在建模过程中，需要根据情况选择不同的参考坐标系。

视图：顶视图、前视图、左视图等平面视图采用屏幕坐标系，透视图及正交视图采用世界坐标系，视图是 3ds Max 默认的参考坐标系。

屏幕：将活动视图屏幕用作坐标系，顶视图、前视图、左视图采用屏幕坐标，X 轴朝右，Y 轴朝上。

世界：使用世界坐标系，X 轴、Y 轴、Z 轴指向固定不变。

父对象：使用选定对象的父对象作为坐标系。如果对象未链接至特定对象，则其为世界坐标系的子对象，其父坐标系与世界坐标系相同。

局部：使用选定对象的轴心点为坐标系。

万向：万向坐标系与 Euler XYZ 旋转控制器一同使用，它与局部坐标系类似，但其3个旋转轴相互之间不一定垂直。

栅格：使用活动栅格作为坐标系。

工作：使用工作轴作为坐标系。

拾取：使用场景中拾取的对象轴心作为坐标系，使用时需要更改变换坐标中心。

※ 课中实训——任务解析

一、实训指导

（1）利用长方体、圆柱体等基本体制作模型；灵活运用阵列复制、镜像复制、变换复制操作进行模型制作；运用锥化修改器、FFD 修改器等进行几何体形状调整。

（2）通过参考坐标系的调整改变变换中心，制作出预期效果。

（3）如果是制作虚拟现实所用的模型，要尽量减少模型面数，表现细长条物体时尽量通过贴图表现。

（4）修改器基础知识。无论哪个版本的 3ds Max 软件，"修改"面板都是最重要的组成部分之一，而修改器堆栈是"修改"面板的"灵魂"。所谓修改器，就是可以对模型进行编辑，改变其几何形状及属性的命令。修改器对于创建一些特殊形状的模型具有非常强大的优势，因此在使用多边形建模等建模方法很难达到模型要求时，不妨采用修改器进行制作。如图1-55所示，利用快捷菜单中的"显示按钮"和"配置修改器集"可以将常用的修改器命令按钮列出。

二、房屋模型制作主要参考步骤

（1）在前视图创建一个长方体，参数如图1-56所示。

图 1-55　　　　　　　　　　　　　　　　　　图 1-56

（2）选择长方体，选择工具菜单中的"阵列"工具，设置 Y 轴移动为 50.0 mm，1D 数量为 40，单击"确定"按钮，阵列参数效果如图 1-57 所示。

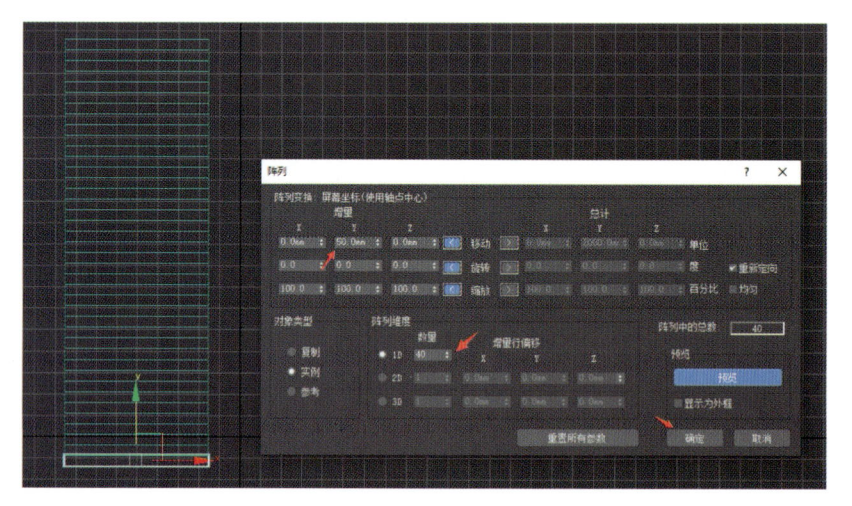

图 1-57

（3）选择阵列出的所有长方体，继续阵列，如图 1-58 所示，设置 X 轴偏移为 1 800.0 mm，1D 数量为 2，单击"确定"按钮，阵列复制出墙面。

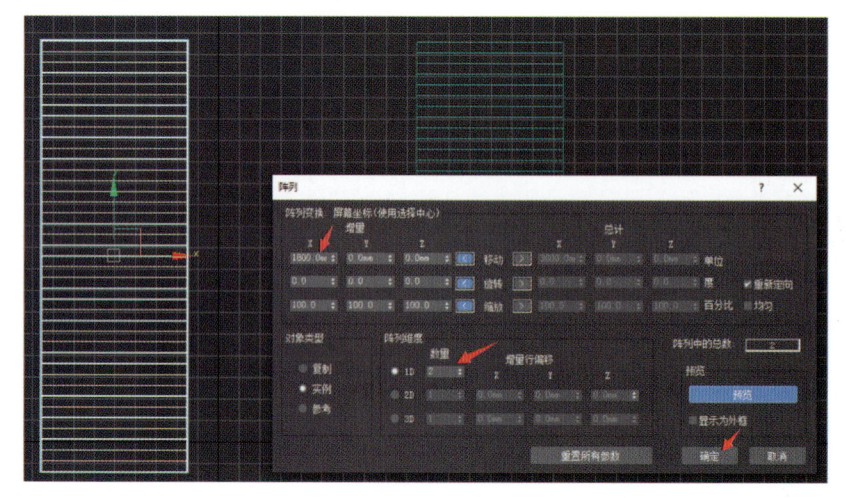

图 1-58

（4）将刚创建好的墙成组，再在前视图创建一个长方体，将墙面与长方体进行对齐操作，效果如图1-59所示。

图 1-59

（5）在前视图选择刚创建的长方体，利用阵列工具进行缩放，设置Y轴移动为50.0 mm，X轴缩放为92%，1D数量为30，单击"确定"按钮，阵列参数及屋顶效果如图1-60所示。

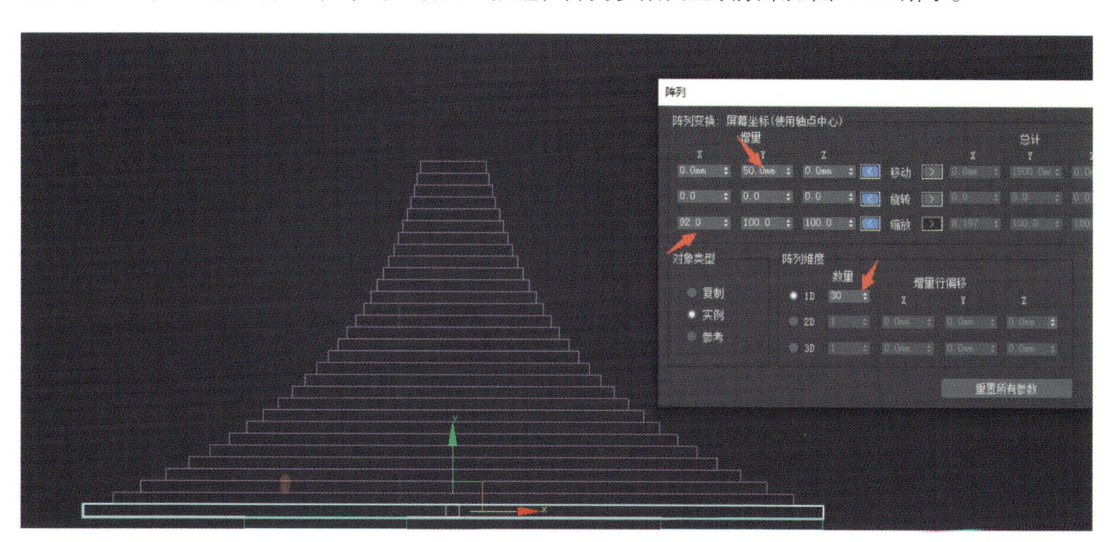

图 1-60

（6）使用类似的方法完成侧面墙的制作，保留出窗户的空间，修改颜色及造型如图1-61所示。

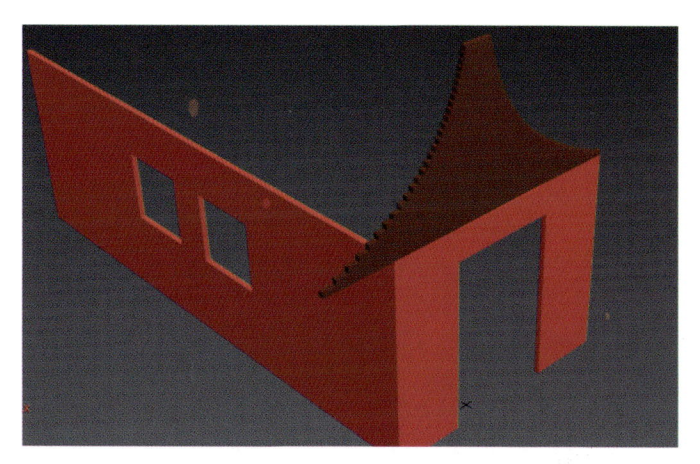

图 1-61

（7）在顶视图创建长方体，放在门框处，在"修改"面板的修改器列表中为长方体添加锥化修改器，设置曲线值为-1.5，勾选"对称"复选框，参数及效果如图1-62所示。

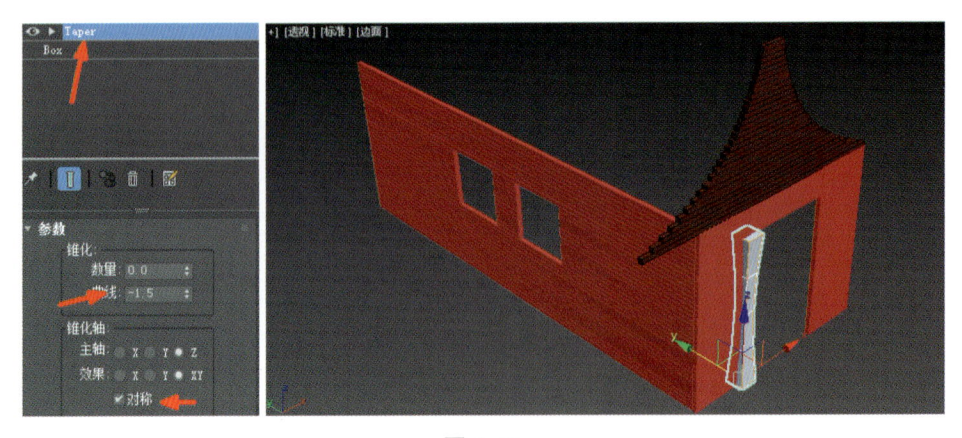

图 1-62

（8）将锥化完成的长方体进行复制，调整大小和方向，完成门窗的边框装饰，效果如图 1-63 所示。

（9）在左视图创建一个长度分段为 8 的大长方体作为屋顶，调整长方体位置并为其添加 FFD 3×3×3 修改器，选择控制点层级，在前视图调整控制点位置如图 1-64 所示，注意盖住墙面。

图 1-63

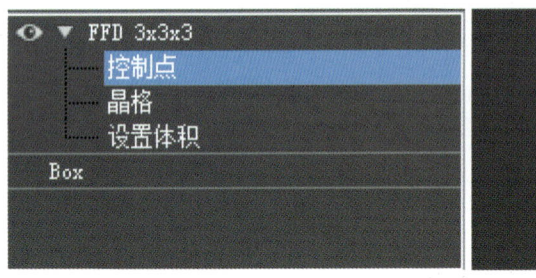

图 1-64

（10）退出控制点层级选择，利用"镜像"工具实例复制出另一半屋顶，效果如图 1-65 所示。

（11）将做好的墙面成组，在顶视图选中墙面，利用"镜像"工具进行镜像复制，镜像参数如图 1-66 所示。

图 1-65 　　　　图 1-66

（12）在顶视图创建一个长方体，摆放在合适位置，封住窗户上方房顶的空隙，如图1-67所示。

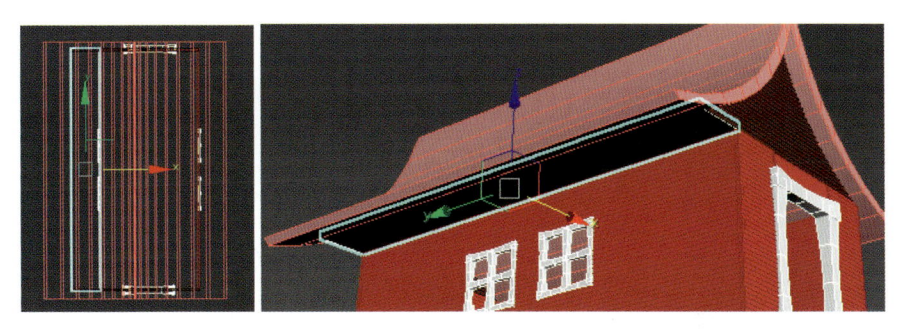

图 1-67

（13）创建一个平面作为地面，创建圆柱作为檐廊部分支柱，修改模型颜色，将其保存为"房屋.max"，效果如图1-68所示，读者可以尝试自己制作房屋的木门。

图 1-68

三、谷仓模型制作主要参考步骤

（1）在前视图创建一个长宽高分别为（2 000 mm，200 mm，30 mm）的长方体，设置长方体的世界坐标为（0，2 000，0）。

（2）切换至顶视图，选择"旋转"工具，设置"旋转"工具的坐标系统为世界，更改为变换坐标中心。

（3）在顶视图选择长方体，选择工具菜单中的"阵列"选项，设置阵列的旋转总计值为沿Z轴360.0°，阵列1D数量为62，如图1-69所示，单击"确定"按钮，将阵列出的谷仓主体成组。

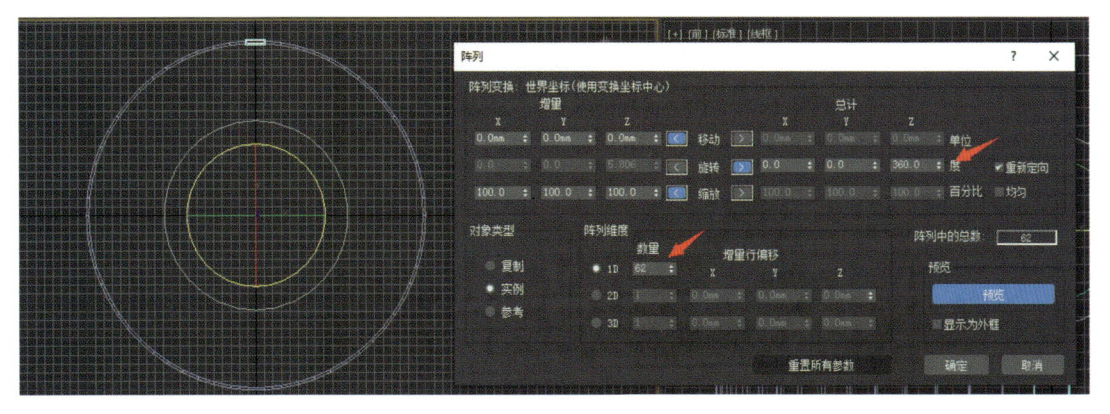

图 1-69

（4）在谷仓主体上方再创建一个长方体，旋转长方体角度并进行对齐，效果如图1-70所示。

（5）选择长方体，利用阵列谷仓主体的方法，阵列出谷仓的顶盖，将顶盖成组，并创建一个球体作为装饰，如图1-71所示。

（6）在前视图创建一个宽度分段为8的长方体，摆放在谷仓主体一侧作为窗户，创建圆柱给窗户制作边框，将制作好的窗户成组，在修改器列表中给窗户添加FFD 4×4×4修改器命令，调整FFD 4×4×4修改器控制点的位置如图1-72所示，调整好后谷仓窗效果如图1-73所示。

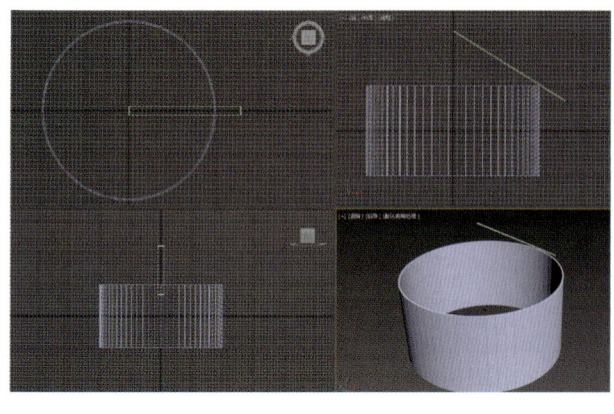

图 1-70 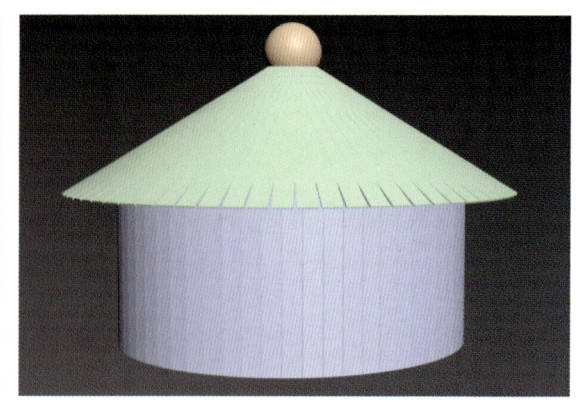   图 1-71

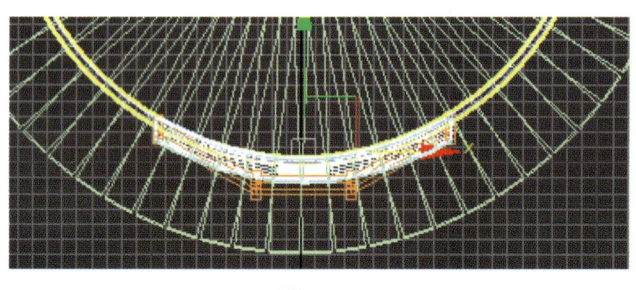

图 1-72    图 1-73

（7）选择谷仓主体部分，按 M 键打开图 1-74 所示的材质编辑器，单击漫反射后面的按钮，在弹出的"材质贴图"浏览器中双击选择位图，选择一张合适的木纹图片，单击"确定"按钮，将木纹材质指定给谷仓主体。

（8）用同样的方法选择一个浅色木纹指定给谷仓顶盖及窗户，谷仓渲染效果如图 1-75 所示，将其保存为"谷仓 .max"。

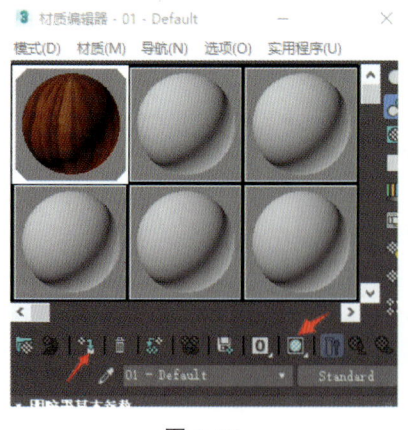

图 1-74 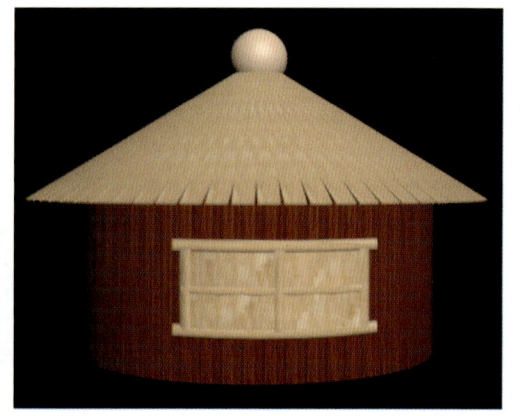   图 1-75

四、风车模型制作主要参考步骤

（1）在顶视图创建一个长宽高分别为（200 mm，200 mm，3 000 mm）的长方体，切换到前视图旋转长方体角度，进行镜像复制后成组，效果如图 1-76 所示。

（2）在前视图创建几个长方体，调整为合适的大小，将整体成组，效果如图 1-77 所示。

（3）切换至左视图，选择"旋转"工具，调整支架的角度后，镜像一组，在上方创建一个长方体作为挡板，将支架整体成组，支架完成效果如图1-78所示。

图1-76　　　　　图1-77　　　　　　　　　图1-78

（4）在支架上方创建圆柱和球体，作为风车的支柱。

（5）创建扇叶，先调整好位置后成组，然后调整"旋转"工具参考坐标系为拾取，拾取中间的圆柱作为参考坐标，调整轴心为变换坐标中心，如图1-79所示。

（6）打开角度捕捉，在前视图进行45°旋转复制扇叶，参数及效果如图1-80所示。

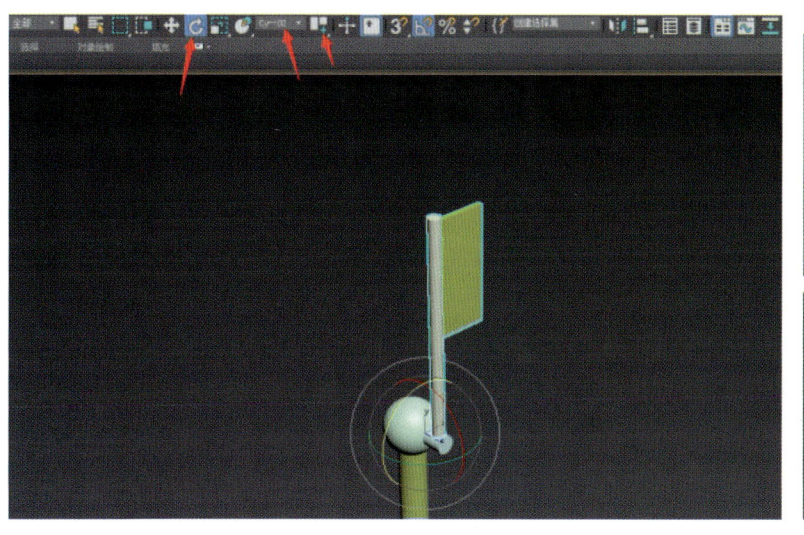

图1-79　　　　　　　　　　　　　　图1-80

（7）添加木纹材质后整体效果如图1-81所示，将其保存为"风车.max"。

（8）执行"文件"→"导入"→"合并"命令，将农场房屋及谷仓合并进来，调整位置及方向，农场模型初步效果如图1-82所示，灯光摄影机可自行进行添加后渲染出效果图。

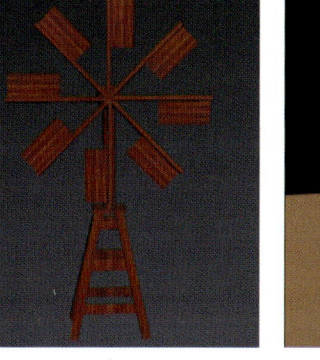

图1-81　　　　　　　　　　　图1-82

五、举一反三

尝试利用 AEC 扩展对象创建栅栏及植物等模型。

※ 课后拓展

1. 如何理解建模思路

建模思路可以理解为"结构重组"的过程。任何对象都是有组织结构的，就像人一样，如在创建人体模型时，就需要先对人的头部、四肢和结构比例进行了解，然后对这些部位进行分块制作，最后组合成一个完整的人体模型。在实际工作中，建模思路适用于任何一种建模技术，大部分的模型都不能立刻创建出一个整体，都要进行结构重组。建模思路理解起来比较简单，但是在工作中，对于不同的分解方法，所对应的建模难度和效率也不同，这些都是经验问题，所以，要想学好建模，就得多练习、多思考，没有任何捷径可言。

2. AEC 扩展对象

AEC 扩展对象可以提高创建场景的效率。AEC 扩展对象包括植物、栏杆（图1-83）和墙3种类型。

植物：使用"植物"工具可以快速地创建出 3ds Max 预设的植物模型。"植物"工具具有高度、密度、修剪等参数，其中，修剪仅适用于有树枝的植物。

栏杆："栏杆"对象的组件包括"栏杆""立柱"和"栅栏"。在创建时可以拾取视图中的样条线来作为栏杆路径，但要注意设置足够的分段数，还可以勾选"匹配拐角"复选框以达到较好的显示效果。

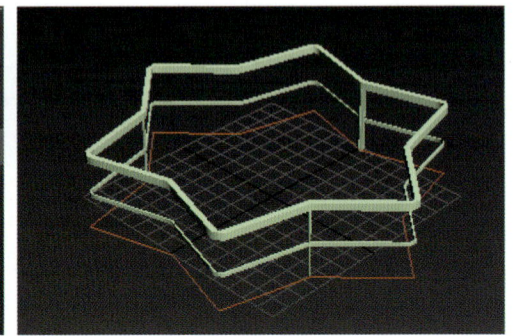

图 1-83

墙：墙对象由3个子对象构成，这些对象类型可以在"修改"面板中进行修改。编辑墙的方法与样条线比较类似，可以分别对墙本身，以及其顶点、分段和轮廓进行调整。

PROJECT TWO

项目二　视觉设计类模型制作

项目情境

3ds Max 的内置几何体虽然种类很多，但是仍无法满足用户所有建模要求，利用 3ds Max 所提供的二维图形建模能够绘制各种形态的图形，用户可以通过二维图形的编辑修改及各种修改器的配合将二维图形转换为三维模型，达到创建形态各异的复杂模型的目的。本项目将运用二维图形进行视觉设计类模型的建模，让读者领略二维图形建模的魅力。

运用二维图形辅助进行视觉设计类模型建模能够充分表达出线条之美，表现力极强。读者在进行制作之前，可以多欣赏优秀作品，提高审美能力，寻找创作灵感。

学习目标

★ 知识目标：

1. 掌握二维图形的类型和参数。
2. 掌握二维样条线的创建和编辑修改方法。
3. 掌握将二维图形转换为三维模型的方法。

★ 能力目标：

1. 能够熟练绘制出所需的二维图形。
2. 能够将二维图形转换为三维模型。

★ 素质目标：

1. 培养学生的耐心及解决问题的能力。
2. 培养学生的实践能力，提高其艺术鉴赏能力。

职业技能

1. Autodesk 3ds Max 产品专员：3ds Max 建模技术（10%）；材质技术（10%）。

2. ACAA 认证三维模型师：修改器建模（2%）；模型材质制作（2%）；模型导入与导出（2%）；建模实操技能（12%）。

034 项目二 视觉设计类模型制作

实训任务一　镂空描金中国福模型制作

任务清单 1　镂空描金中国福模型制作

项目名称	任务清单内容
任务导入	5 000年的华夏文明，有一个字贯穿始终，那就是"福"字。每逢新春佳节，家家户户都要在屋门上、墙壁上、门楣上贴上大大小小的"福"字。本案例主要运用线工具和挤出修改器命令，制作出镂空描金中国"福"模型，以红色和金色为主色，镂空部分包含花鸟和云纹图案，整体设计美观大气，可以彰显出浓厚的节日气氛，如图2-1所示。 图 2-1
任务目标	1. 掌握二维图形中线的绘制方法。 2. 掌握可编辑样条线顶点、线段、样条线三个层级部分命令的作用。 3. 掌握二维图形转换为三维模型的方法。 4. 培养审美能力及观察和解决问题的能力
工作标准	1. 根据操作规范进行归零操作。 2. 参考图设置正确，模型材质精细化制作
任务思考	1. 如何利用二维图形制作出镂空效果？ 2. 可编辑样条线中顶点的类型一共有哪几种？它们各有什么特点
任务评价	评价标准 | 自我评价 | 学生互评 | 教师评价 | 企业评价 模型线条流畅、美观（70分） 材质表现精细、美观（20分） 渲染设置正确，图片效果佳（10分） 总评（权重后综合得分）

视频：镂空描金中国福

※ 课前学习——知识准备

一、二维图形概述

二维图形由一条或多条样条线组成，而样条线又是由顶点和线段组成，所以，只要调整顶点的参数及样条线的参数就可以生成复杂的二维图形，利用这些二维图形又可以生成三维模型。在"创建"命令面板中的"图形"选项面板中，可选择不同类型的选项，包括样条线、NURBS 曲线、扩展样条线、CFD 等，如图 2-2 所示。

其中最常用的"样条线"包含 12 种不同样条线，如图 2-3 所示，分别是线、矩形、圆、椭圆、弧、圆环、多边形、星形、文本、螺旋线、卵形和截面，每种样条线都有自己的参数。

图 2-2

图 2-3

二、线

线是建模中最常用的一种样条线，其使用方法非常灵活，形状也不受约束，可以封闭也可以不封闭，拐角处可以是尖锐的也可以是圆滑的。

线的顶点类型有 4 种：分别是"角点""平滑"和 Bezier（贝塞尔）及 Bezier 角点。

线的绘制方法：单击开始绘图，在拐角处单击鼠标，结束时单击鼠标右键。按住鼠标左键进行拖曳创建的顶点将具有贝塞尔属性，可以将线段拖拽为曲线，并且可以通过调整顶点的控制手柄调整曲线状态。绘制闭合曲线时，当光标回到起点时单击鼠标会弹出"是否闭合样条线"对话框，单击"是"按钮可以将曲线闭合（图 2-4）。

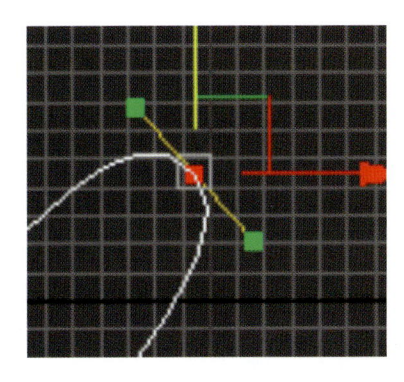

图 2-4

在进行二维图形绘制时，如果取消勾选"开始新图形"复选框（图2-5），新绘制样条线将会与前者成为一个整体。独立的二维图形也可以附加为一个整体。

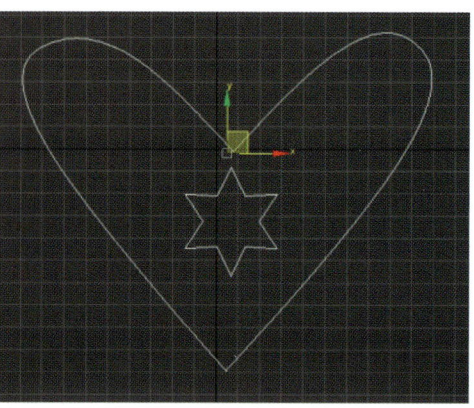

图 2-5

三、可编辑样条线

二维图形可以用鼠标右键单击转换为可编辑样条线，可编辑样条线具有3个子层级，即顶点、线段、样条线。

1. 渲染卷展栏

二维对象的渲染是比较特殊的，因为二维对象只有形状，没有体积，系统默认情况下是不能被渲染着色而显示出来的。

如果要对二维对象进行三维显示和渲染着色，首先要选中"修改"面板"渲染"卷展栏中的"在渲染中启用"和"在视口中启用"复选框（图2-6），然后通过设定"径向"和"厚度"值来定义构成二维对象的线的宽度。

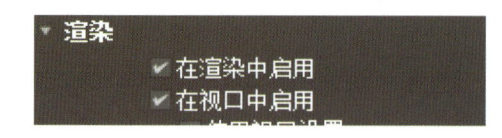

图 2-6

在渲染中启用：勾选该复选框才能渲染出样条线；若不勾选，将不能渲染出样条线。

在视口中启用：勾选该复选框后，样条线会以网格的形式显示在视图中。

2. 插值卷展栏

步数：可以手动设置每条样条线的步数，值越大线条越平滑。

优化：启用该选项后，可以从样条线的直线线段中删除不需要的步数。

3. 几何体卷展栏主要参数

断开：选择一个或多个顶点，然后单击"断开"按钮可以创建拆分效果。

附加：将其他样条线附加到所选样条线。

优化：可以在样条线上添加顶点，且不更改样条线的曲率值。

焊接：可以将两个端点顶点或同一样条线中的两个相邻顶点转换为一个顶点。

连接：连接两个端点顶点以生成一个线性线段。

设为首顶点：指定样条线中的哪个顶点为第一个顶点，通常为黄色显示。

熔合：将所有选定顶点移至它们的平均中心位置。
圆角：在线段会合处设置圆角，以添加新的控制点。
布尔：对两个样条线进行2D布尔运算，分为并集、差集、交集。
镜像：对样条线进行相应的镜像操作，分为水平镜像、垂直镜像、双向镜像。
复制：勾选该复选框，可进行镜像并进行复制对象。
修剪：要求多个曲线相交，修剪时，会自动寻找边界，裁去边界之间的部分曲线。
轮廓：复制并向内或向外偏移曲线，轮廓偏移值为正值时，则向内产生轮廓曲线；轮廓偏移值为负值时，则向外产生轮廓曲线，注意中心的作用。

四、挤出、倒角、车削、倒角剖面修改器

将二维样条线转换成三维模型的方法有很多，常用的方法是为模型加载"挤出""倒角"或"车削"等修改器。

（1）"挤出"修改器：可以将深度添加到二维图形中，并且可以将对象转换成一个参数化对象。常用参数作用如下：

数量：设置挤出的深度。
分段：指定要在挤出对象中创建的线段数目。
封口：用来设置挤出对象的封口。

实例操作——硬面书制作

1）书籍内页部分制作：在前视图绘制一个矩形，将其转换为可编辑样条线，选择顶点层级，分别调整左右两侧顶点控制手柄位置，得到图2-7所示的效果。

2）选择样条线层级，单击"轮廓"按钮，在前视图选中样条线为其添加轮廓，选中外侧轮廓线右侧线段按Delete键删除，添加轮廓线后效果如图2-8所示。

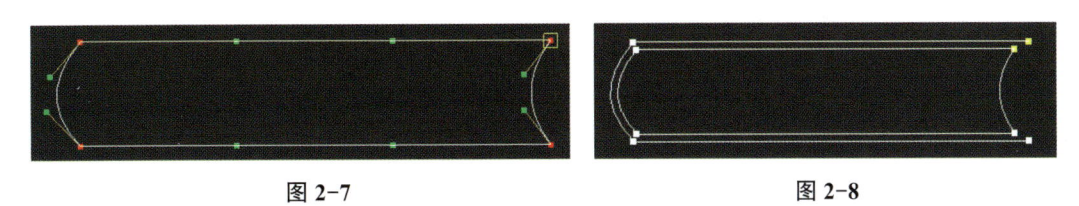

图 2-7　　　　　　　　图 2-8

3）选择外侧轮廓线，单击"分离"按钮，将外侧轮廓线分离，将其命名为"书皮"，退出可编辑样条线子层级选择。

4）在前视图选中"书皮"，在"修改"面板选择书皮的"样条线"层级，为其添加轮廓，切换至"顶点"层级，单击"优化"按钮，在前视图添加3个顶点，调整顶点位置，书皮轮廓线完成，效果如图2-9所示。

5）分别为书皮和内页添加"挤出"修改命令，书皮数值稍大，调整好书皮的位置，在顶视图添加合适的文字，并为文字添加"挤出"修改命令，硬面书完成效果如图2-10所示。

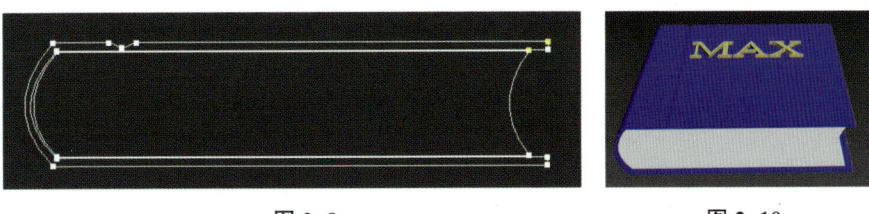

图 2-9　　　　　　　　图 2-10

（2）"倒角"修改器：可以将图形挤出为3D对象，并在对象边缘应用平滑的切角效果（图2-11）。常用参数作用如下：

避免线相交：防止轮廓彼此相交。

起始轮廓：设置轮廓到原始图形的偏移距离。正值会使轮廓变大；负值会使轮廓变小。

在3个级别中，高度用于设置每部分的生成厚度，轮廓用于控制切角大小和方向，通常在级别1和3中设置互为相反数的轮廓值。

图 2-11

实例操作——扳手制作

1）在顶视图绘制矩形和圆形，图形摆放位置如图2-12所示。

2）选择其中一个图形将其转换为可编辑样条线，单击"附加"按钮，将其他图形依次附加为一个整体，取消"附加"。

3）按3键选择"样条线"层级，单击选择中间的矩形，将布尔类型设置为"并集"，单击"布尔"按钮，依次单击两个圆进行布尔运算，再将布尔类型设置为"差集"，依次单击剩余的两个小矩形，布尔运算后效果如图2-13所示。

图 2-12　　　　图 2-13

4）退出子层级选择，为图形添加"倒角"修改器，设置各项参数，扳手倒角参数及效果如图2-14所示。

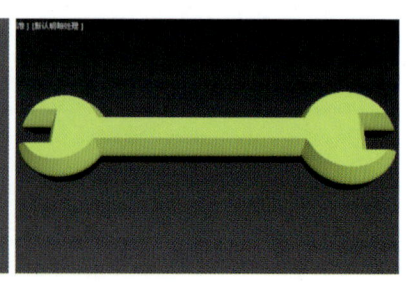

图 2-14

（3）"车削"修改器：可以通过围绕坐标轴旋转一个图形或NURBS曲线来生成三维对象（图2-15）。

度数：设置对象围绕坐标轴旋转的角度，其范围是0°~360°，默认值为360°。

焊接内核：通过焊接旋转轴中的顶点来简化网格。

翻转法线：使物体的法线翻转，翻转后物体的内部会外翻。

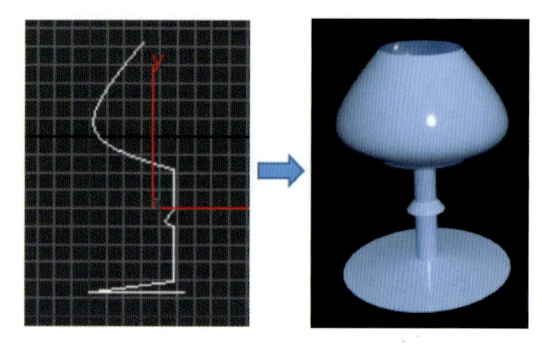

图 2-15

项目二　视觉设计类模型制作　039

分段：在曲面起始点之间创建的插补线段的数量。

封口：如果设置的车削对象的"度数"小于360°，该选项用来控制是否在车削对象的内部创建封口。

对齐：设置对齐的方式，有"最小""中心"和"最大"3种方式可供选择。选择某种方式是以对象对齐轴上的坐标值大小确定的。

实例操作——茶具制作

1）制作盘子模型：使用图形中的"线" 线 工具在前视图中绘制一根样条线，按3键进入"样条线"子层级，在"几何体"卷展栏下单击"轮廓"按钮 轮廓 ，在前视图中选择线后拖曳光标创建出轮廓，效果如图2-16所示。

2）按1键进入"顶点"级别，然后选择图2-17所示的6个顶点，接着在"几何体"卷展栏下单击"圆角"按钮 圆角 ，在前视图中向上拖曳光标创建出圆角，效果如图2-18所示。

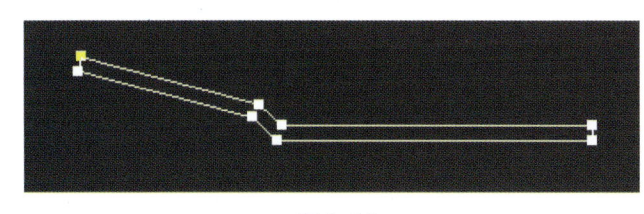

图 2-16 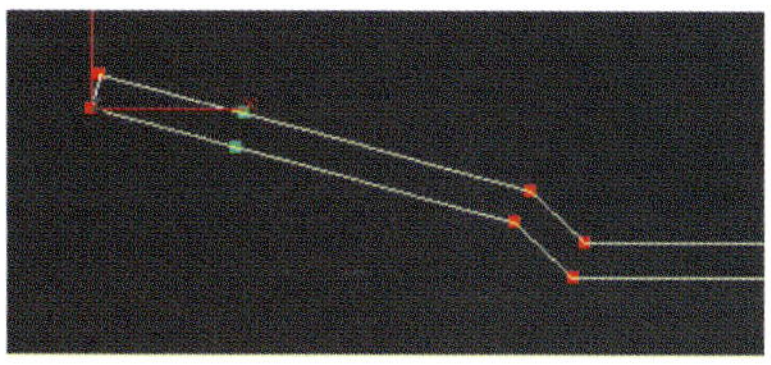　　　　　　　　　　　图 2-17

3）为样条线添加一个"车削"修改器，然后在"参数"卷展栏下设置"分段"为60，勾选"焊接内核"复选框，设置"方向"为Y轴、"对齐"方式为"最大"，茶盘模型效果如图2-19所示。

图 2-18 　　　　　　　　　　　图 2-19

4）制作杯子模型，使用"线"工具在前视图中绘制一条样条线，为线添加轮廓后，为左侧的8个顶点添加圆角值，杯子轮廓线效果如图2-20所示。

5）为杯子样条线添加一个"车削"修改器，然后在"参数"卷展栏下设置"分段"为60，勾选"焊接内核"复选框，设置"方向"为Y轴、"对齐"方式为"最大"，茶具模型效果如图2-21所示。

图 2-20 　　　　　　　　　　　图 2-21

（4）"倒角剖面"修改器。"倒角剖面"修改器是"倒角"修改器的一种变形，它使用一个图形作为图形路径，通过另一个轮廓作为倒角剖面来挤出一个图形，需要注意的是，在制作完成后，这条轮廓线不能删除。

视频：倒角剖面修改器

实例操作——会议桌

1）在顶视图创建一个 600 mm×1 000 mm 的矩形，设置角半径为 100 mm，作为轮廓线。在前视图绘制图 2-22 所示的剖面图。

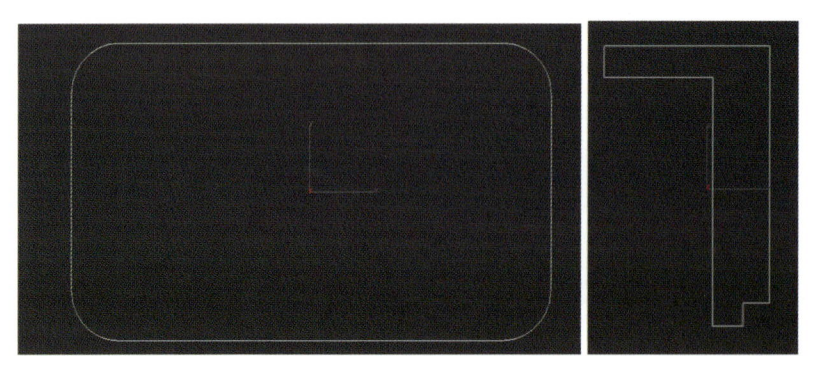

图 2-22

2）选择矩形，在修改器列表中执行"倒角剖面"修改命令，在其参数面板中选择"经典"，单击"拾取剖面"按钮，单击绘制好的剖面图，选择"剖面 Gizmo"可以在视口中选择黄色的剖面线进行旋转、缩放、移动等操作，来改变显示效果，完成效果如图 2-23 所示。

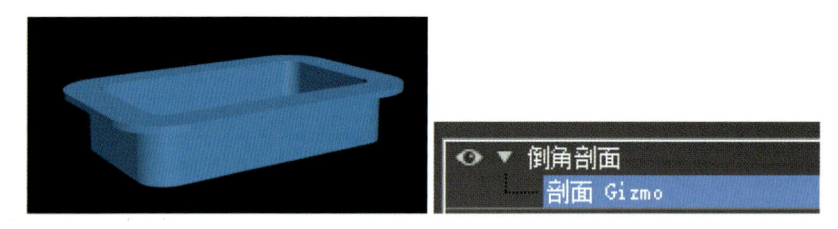

图 2-23

※ 课中实训——任务解析

一、实训指导

（1）根据参考图进行线条绘制，将所有线条附加为一个整体。

（2）利用"渲染"设置及"挤出"修改器进行二维转三维操作；为模型添加标准材质。

（3）让绘制出的线更平滑。如果绘制出来的样条线不是很平滑，就需要对其进行调节，样条线形状主要是在"顶点"级别下进行调节，通过调整顶点的类型及其控制手柄控制样条线形状。样条线形状调整好后还可以通过设置可编辑样条线"插值"卷展栏中的"步数"来调整线的平滑程度。

二、模型制作

（1）在前视图新建一个 500 mm×500 mm 的平面，鼠标右键单击"移动"工具将其绝对位置归零，打开材质编辑器，选择一个空样本球，给漫反射通道添加"位图"贴图（图 2-24），将素材中的福字图片添加到平面上，将前视图的显示模式更改为默认明暗处理，显示出参考图（图 2-25）。

（2）按 Alt+W 组合键将前视图最大化显示，选择创建面板中的图形，单击"样条线"下的"线"按钮，在前视图进行福字外侧描边线的绘制，注意回到起点时选择闭合曲线。在进行线条绘制时，可根据需要选择单击生成角点或拖动鼠标生成 Bezier 点，福字描边效果如图 2-26 所示。

图 2-24 　　　　　　　　　　　图 2-25 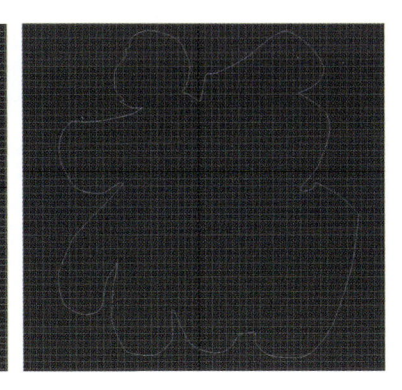　　　　　　　　　　　图 2-26

（3）花瓣的复制：用线绘制出花瓣，选择其中一根线，执行"修改"面板→"几何体"卷展栏中的"附加"命令（图 2-27），再单击另一根线，将两者变为一个整体。选择花瓣，单击"层次"面板，选择"调整轴"卷展栏中的"仅影响轴"（图 2-28），将花瓣的轴调整到花心部分，关掉"仅影响轴"，单击"旋转"工具，调整为变换坐标中心，按住 Shift 键进行旋转复制，将所有花瓣附加为一个整体（图 2-29）。

图 2-27 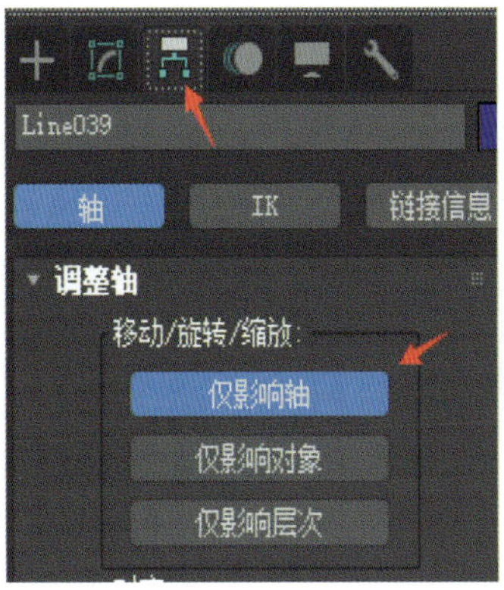　　　　　　　　　　　图 2-28 　　　　　　　　　　　图 2-29

（4）继续在内部按照图片中的镂空部分进行描边勾线，也可以自行设计图案勾线。需要注意的是，所有的勾线都要闭合，有圆形图案的部分可以直接选择图形中的圆进行绘制。

（5）勾线完成后将所有线附加为一个整体，在"修改"面板将其命名为"福1"，效果如图 2-30 所示。

（6）选择福1样条线，在左视图按住 Shift 键移动复制一份，将其命名为"福2"。

（7）选择福1，为其添加"挤出"修改器，数量设置为 35 mm（图 2-31），选择福2，勾选"渲染"中的"在渲染中启用"及"在视口中启用"复选框，将径向厚度设置为合适的数值（图 2-32）。

三、材质制作

按 M 键打开材质编辑器，为"福2"设置金色材质（图 2-33），为"福1"设置红色材质（图 2-34），将材质指定给两个对象，调整好两者位置，镂空描金中国福完成效果如图 2-35 所示。

图 2-30　　　　　　　图 2-31　　　　　　　图 2-32

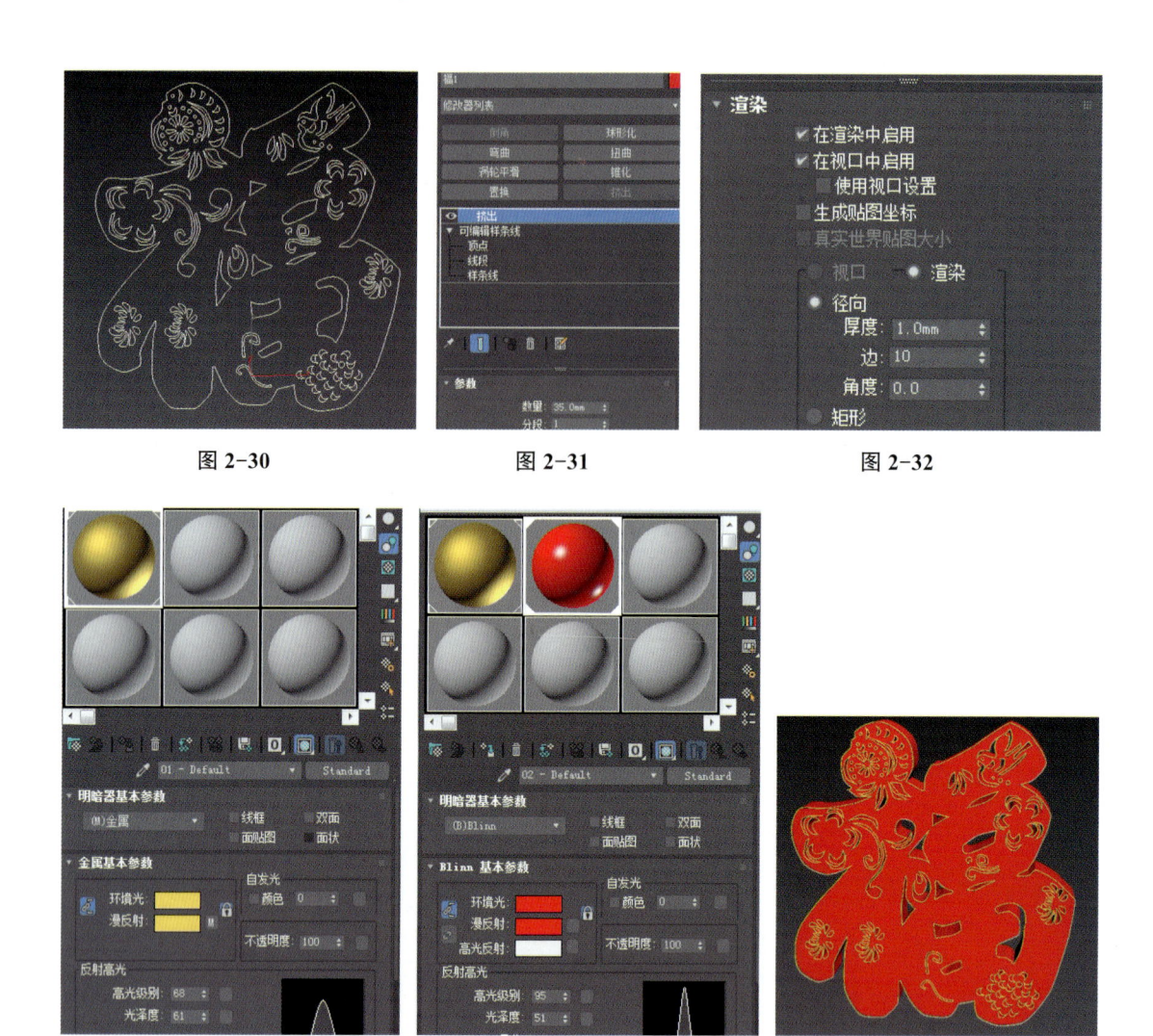

图 2-33　　　　　　　图 2-34　　　　　　　图 2-35

四、举一反三

线条具有极强的流动性，可以运用线条来引导视觉的追逐变化，体现出建筑、雕塑等设计上的美感。

※ 课后拓展

二维图形软件与 3ds Max 的交互

在样条线建模这一领域中，与 3ds Max 交互最多的软件就是同属于 Autodesk 公司的 AutoCAD，由于 AutoCAD 绘制出的图形要比 3ds Max 精确得多，因此，在制作尺寸要求很高的模型时（尤其是在效果图领域），一般都是先在 AutoCAD 中将图形绘制好，保存为 ".dwg" 格式的文件，然后导入 3ds Max 根据图形进行建模，这样制作出来的模型准确度就与实际尺寸没有多大差异。另外，除 AutoCAD 外，还可以用 Photoshop 或 Illustrator 绘制路径，这两款软件在绘制复杂图形路径时比 3ds Max 强大，尤其是在调节路径的形态时比 3ds Max 要灵活很多，绘制好以后导出为矢量格式的 .ai 文件，导入 3ds Max 根据路径进行建模就可以了。

项目二 视觉设计类模型制作 043

实训任务二　中秋节场景模型制作

任务清单 2　中秋节场景模型制作

项目名称	任务清单内容
任务导入	"阴晴圆缺都休说，且喜人间好时节。"（徐有贞《中秋月·中秋月》） 农历八月十五是我国传统的中秋节。中秋节起源于上古时代，普及于汉代，定型于唐朝初年，盛行于宋朝以后。中秋节自古便有祭月、赏月、吃月饼、看花灯、赏桂花、饮桂花酒等民俗，以月之圆兆人之团圆。2006年5月20日，国务院将其列入首批国家级非物质文化遗产名录。中秋节场景模型（图2-36）以月饼和小白兔模型为主体，辅以中国特色月洞门为背景，能够充分展现中秋节的氛围。 图 2-36
任务目标	1. 熟练掌握可编辑样条线各层级主要命令的使用方法。 2. 掌握复合对象中图形合并建模及晶格、倒角等修改命令的用法。 3. 掌握环境贴图的作用及设置方法。 4. 提高美学素养及艺术鉴赏能力
工作标准	1. 通过三视图建模，模型结构比例正确、高度恰当。 2. 模型材质精细化制作，色彩、质感细腻。 3. 场景中多余的点、线、面要删除
任务思考	1. 如何将多根样条线附加为一个对象？ 2. 晶格命令的显示效果和哪些参数有关？ 3. 图形合并时需要注意哪些问题
任务评价	评价标准 | 自我评价 | 学生互评 | 教师评价 | 企业评价 模型比例合理、位置关系准确（60分） 材质表现精细、美观（20分） 环境贴图设置正确，渲染效果佳（20分） 总评（权重后综合得分）

视频：中秋场景模型制作

※ 课前学习——知识准备

一、"晶格"修改器

"晶格"修改器可以将图形的线段或边转化为柱形结构，并在顶点上产生可选择的关节多面体（图 2-37）。

通过"几何体"选项组可以设置晶格的应用范围，分为"仅来自顶点的节点""仅来自边的支柱"，"二者"3 个选项；通过"支柱"选项组可以设置生成的支柱和多面体的形态。支柱和多面体均可设置边数。

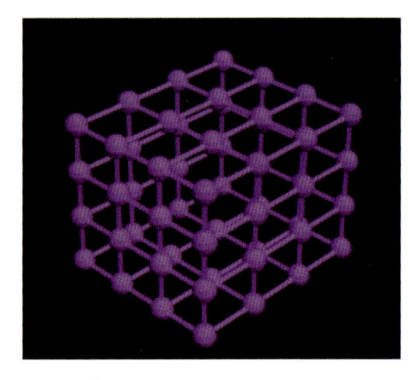

图 2-37

二、复合对象建模——图形合并

"图形合并"可以将一个或多个图形嵌入其他对象的网格中或从网格中移除。进行操作时，几何体上需要有足够的线条进行划分才可以，合并后将几何体转换为可编辑多边形，生成的选集需要及时进行保存。图形合并可以在"创建"面板→"几何体"→"复合对象"中创建。

图形合并创建时需要一个几何体和一个二维图形，二维图形置于几何体表面正上方或正前方，创建时要先选择几何体，而后单击"拾取图形"按钮创建，如图 2-38 所示。

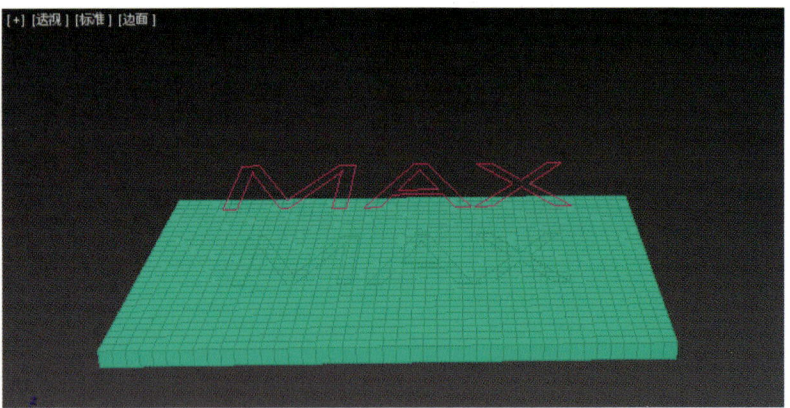

图 2-38

图形合并主要参数介绍如下：

拾取图形：单击该按钮，然后单击要嵌入网格对象中的图形，图形可以沿图形局部的 Z 轴负方向投射到网格对象上。

参考 / 复制 / 移动 / 实例：指定如何将图形传输到复合对象中。

运算对象：在复合对象中列出所有操作对象。

删除图形：从复合对象中删除选中图形。

提取操作对象：提取选中操作对象的副本或实例。在"操作对象"列表中选择操作对象时，该按钮才可用。

三、复合对象建模——布尔及 ProBoolean

1. 布尔

"布尔"运算是通过对两个或两个以上的对象进行并集、差集、交集等,"布尔"运算将其合并到一个网格,从而得到新的物体形态,其运算对象参数如图 2-39 所示。

并集:将两个对象结合,几何体的相交部分或重叠部分会被丢弃。

交集:保留两个原始对象共同的重叠部分,剩余几何体会被丢弃。

差集:从基础(最初选定)对象移除相交的部分。

合并:使两个网格相交并组合,而不移除任何原始对象中的多边形,在相交对象的位置创建新边。

附加:将多个对象合并成一个对象,而不影响各对象的拓扑,各对象实质上是复合对象中的独立元素。

插入:从操作对象 A 中减去操作对象 B 的边界图形,操作对象 B 的图形不受此操作的影响。

2. ProBoolean

ProBoolean 具有一次合并多个对象的能力,而且每次可以使用不同的布尔操作。ProBoolean 还可以自动将布尔结果细分为四边形面,为后期进行网格平滑和涡轮平滑操作提供了方便。

图 2-39

图 2-40

小提示: 复合对象建模是一种特殊的建模方式,复合对象通常将两个或多个现有对象组合成单个对象。复合对象建模工具包括 12 种,分别是"变形""散布""一致""连接""水滴网格""布尔""图形合并""地形""放样""网格化""ProBoolean"和"ProCutter",如图 2-40 所示。

实例操作——象棋

(1)执行"创建"面板→"几何体"→"扩展基本体"→"切角圆柱体"命令,在顶视图创建一个切角圆柱体,设置各项参数如图 2-41 所示。

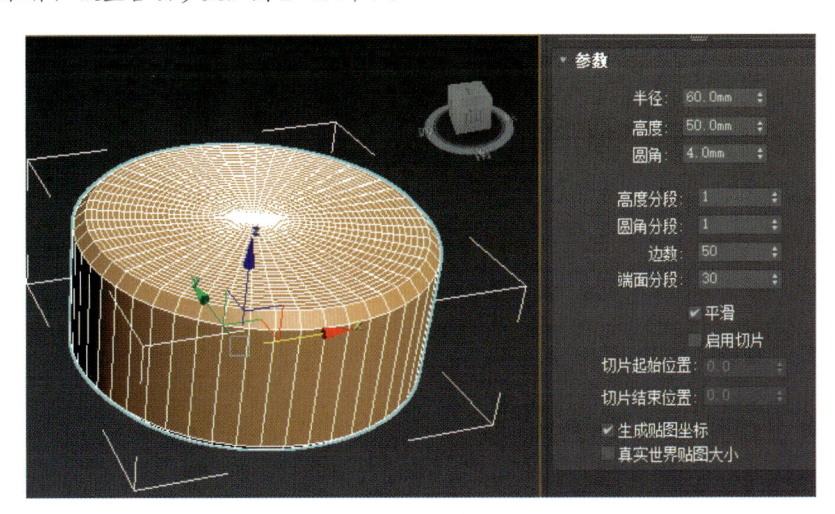

图 2-41

(2)执行"创建"面板→"图形"→"文本"命令,在顶视图创建一个文字"車",修改字体为隶书,将文字移动到切角圆柱体正上方。

　　(3)选择切角圆柱体,执行"创建"面板→"几何体"→"复合对象"→"图形合并"命令,单击图形合并参数面板中的"拾取图形"按钮,在视图中单击"車"字,将文字合并至圆柱体表面。

　　(4)进入"修改"面板,鼠标右键单击修改器堆栈中的"图形合并"按钮,在弹出的快捷菜单中选择"可编辑多边形"选项,将其转换为可编辑多边形,按4键进入多边形层级,可以看到文本区域默认选中,如图2-42所示。

　　(5)在"编辑多边形"卷展栏中单击挤出后的"设置"按钮,设置挤出高度为-10.0 mm,单击"〇"按钮确认,效果如图2-43所示。

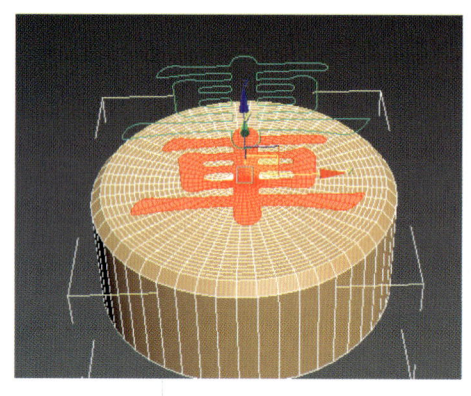

图 2-42 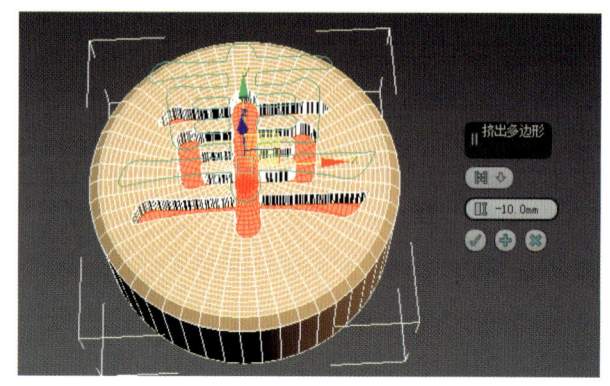　　　　　　　　　　　　　　图 2-43

　　(6)保持文字多边形的选择,将"多边形材质ID"卷展栏中ID设置为1,按Ctrl+I组合键反向选择其余多边形,将ID设置为2,退出子层级选择。

　　(7)按M键打开材质编辑器,单击"standard"按钮,打开"材质/贴图"浏览器选中多维子对象,为象棋添加多维子对象材质,设置数量为2,将1号材质设置为红色,将2号材质设置为标准材质,为其添加木纹贴图,将材质指定给象棋,象棋最终完成效果如图2-44所示。

图 2-44

※ 课中实训——任务解析

一、实训指导

　　(1)利用样条线的各层级命令完成月洞门及小兔子图形制作,运用渲染设置及"倒角"修改器转化为三维模型;运用"晶格"修改器进行展台制作。

　　(2)通过执行"复合对象"→"图形合并"命令,以及多边形建模操作完成月饼模型制作。

　　(3)摄影机安全框。场景中创建摄影机后,在透视视图按C键可以将透视视图转化为摄影机视图,在摄影机视图中,按Shift+F组合键可以打开摄影机安全框,安全框内的对象在渲染时不会被裁掉。在激活安全框的情况下工作是一个非常好的习惯。

二、月洞门模型制作主要参考步骤

（1）在顶视图新建一个 2 000 mm × 3 000 mm 的平面，分段数设置为 1。

（2）在前视图运用样条线中的矩形绘制一个 1 000 mm × 1 000 mm 的矩形及半径为 350 mm 的圆，将圆形放置在矩形中合适的位置，再绘制多条直线，如图 2-45 所示。将矩形转换为可编辑多边形，选择"附加多个"，按 Shift 键将所有样条线附加为一个整体，运用样条线层级的"修剪"命令修剪掉多余的线条，修剪后效果如图 2-46 所示。

（3）选择编辑好的样条线，勾选"渲染"卷展栏中的"在渲染中启用"和"在视口中启用"复选框，设置为矩形，长度为 20 mm，宽度为 10 mm。

（4）在门外部绘制墙体，挤出厚度为 50 mm，摆放在合适的位置，月洞门完成效果如图 2-47 所示。

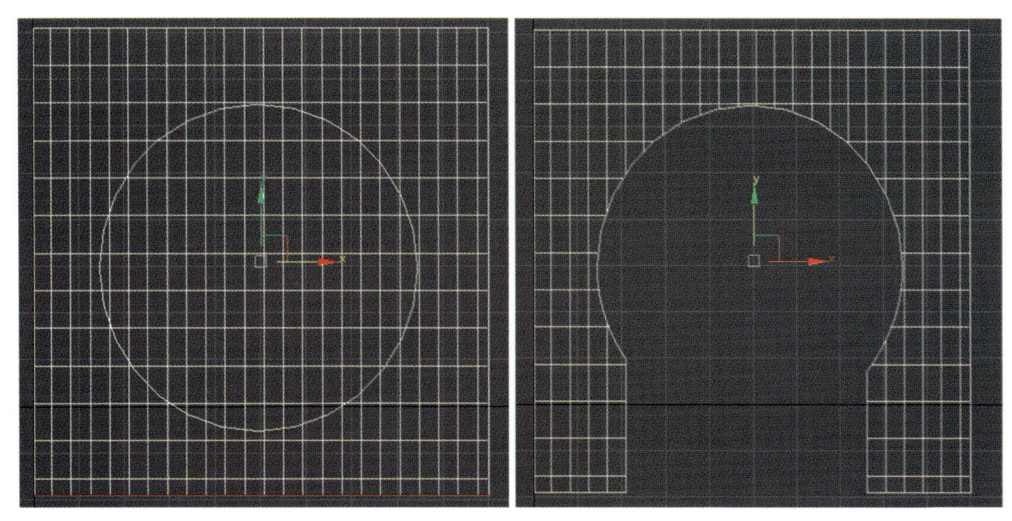

图 2-45　　　　　　　　　　　图 2-46

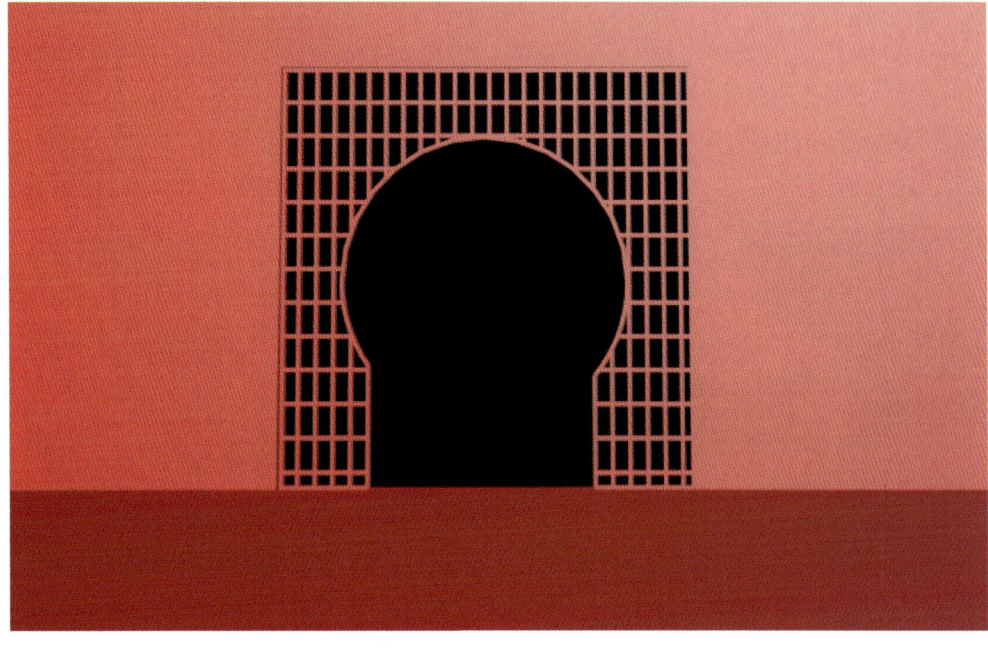

图 2-47

三、小兔子模型制作主要参考步骤

（1）在前视图创建一个 236 mm×247 mm 的平面，打开材质编辑器，给平面添加小白兔贴图，更改前视图显示方式为明暗处理，效果如图 2-48 所示。

（2）参照图片用线勾勒出小兔子外部轮廓线，进入"修改"面板，设置线的插值卷展栏步数参数为 15，使线条更平滑。

小提示： 如果在绘制时发现看不见绘制的线条，可以在顶视图将平面移动到世界坐标中心上方看一下效果。

在 3ds Max 中可以将选定对象进行孤立显示，便于编辑，孤立对象的快捷键是 Alt+Q，取消孤立时，用鼠标右键单击，在弹出的快捷菜单中选择"结束隔离"选项即可。

除孤立对象外，也可以将暂时不用的对象进行隐藏，隐藏和取消隐藏同样可以在图 2-49 所示的快捷菜单中完成。

图 2-48　　　　　　图 2-49

（3）删除平面，选中绘制好的小白兔轮廓线，在修改器列表中执行"倒角"命令，创建一个球体作为小白兔的眼睛，小白兔倒角参数及效果如图 2-50 所示。

（4）将做好的小白兔按 Ctrl+G 组合键成组，在前视图选择"镜像"工具，沿 X 轴复制一个小白兔，如图 2-51 所示。

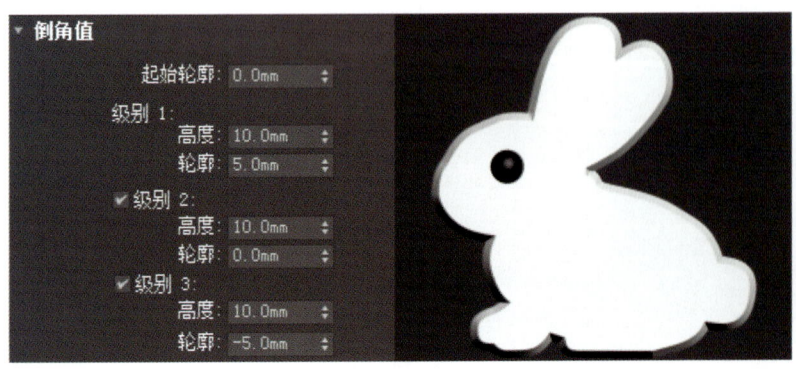

图 2-50　　　　　　图 2-51

四、月饼模型、材质制作主要参考步骤

（1）执行"图形"→"样条线"→"星形"命令，在前视图绘制星形，调整星形参数及效果图如图2-52所示。

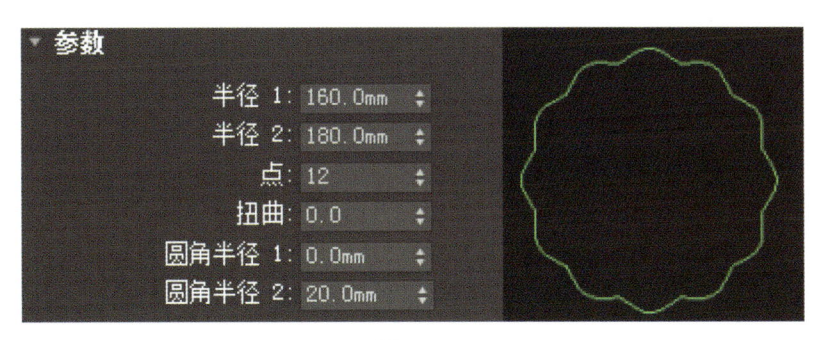

图 2-52

（2）选择星形，在"修改"面板中为其添加"挤出"修改命令做出月饼的基本形状，选择透视视图，打开边面模式（快捷键为F4），选择模型，用鼠标右键单击将其转换为可编辑多边形。

（3）选择多边形层级，单击选中最外侧底面多边形，选择插入顶点，在多边形中间插入一个顶点。

（4）将选择区域形状修改为圆形，在"修改"面板中切换为边层级，勾选"选择"卷展栏中的"忽略背面"复选项，框选刚生成的边，选择编辑边卷展栏中的"连接"命令，设置分段数为20，为多边形增加边线，完成操作后退至可编辑多边形最顶层，加线后的效果如图2-53所示。

（5）隐藏月饼模型，执行"图形"→"样条线"→"文本"命令，在参数卷展栏中输入"中秋"二字，设置字体为隶书，大小为120 mm，如图2-54所示。

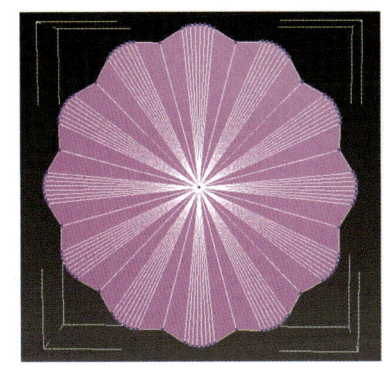

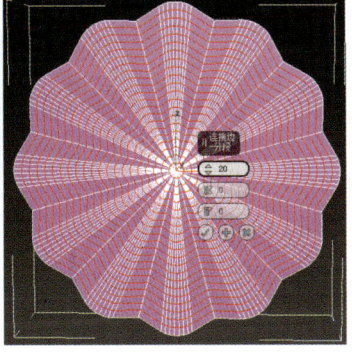

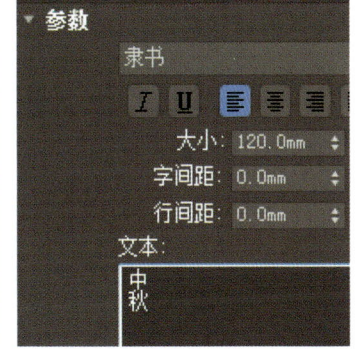

图 2-53 图 2-54

（6）绘制一个圆环，修改圆环参数，设置半径分别为140 mm和120 mm，将文字放在圆环的正中间，将两者附加为一个整体。

小提示： 将样条线转换为可编辑对象后，附加操作可以将多条线附加为一个整体变为一个对象，在进行样条线绘制时，如果取消勾选"开始新图形"复选框，那么，绘制出的线将自动合并为一个对象。

（7）取消月饼模型的隐藏，将文字对象放在月饼模型正前方，文字与月饼模型的位置关系如图2-55所示。

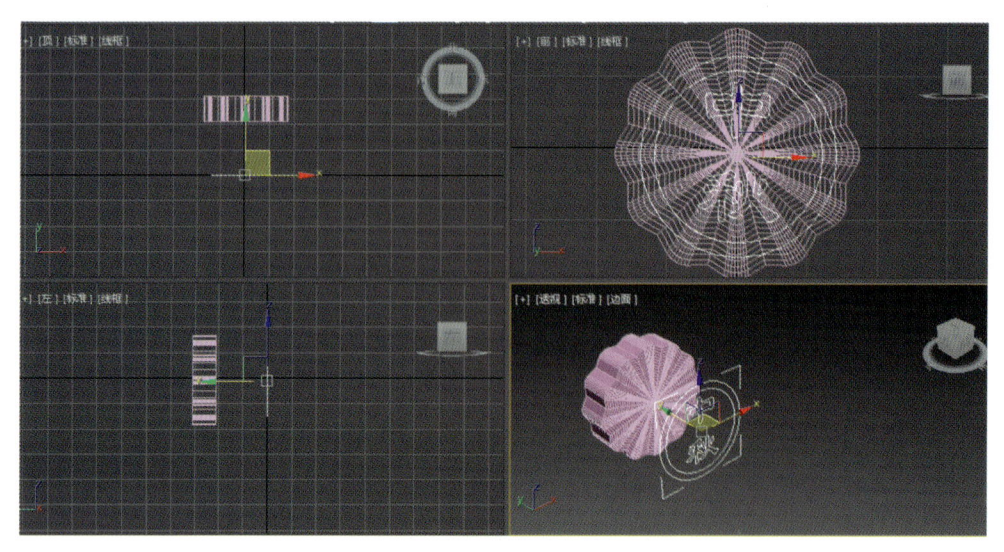

图 2-55

（8）选择月饼模型，执行"创建"→"几何体"→复合对象中的"图形合并"命令，单击拾取图形，选择中秋文字图案，此时图案将投影到月饼模型表面。

（9）将月饼模型用鼠标右键单击转换为"可编辑多边形"，选择多边形层级，会发现图案形状处于红色选中状态（图2-56），选择"编辑多边形"卷展栏中"挤出"后的按钮，设置挤出数量为20 mm，退至可编辑多边形最顶层。

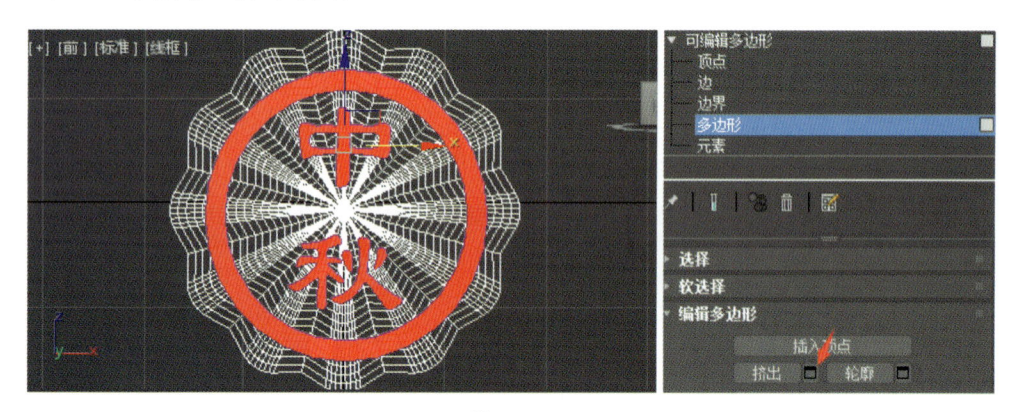

图 2-56

（10）将文字图形删掉，按F4快捷键关掉透视视图边面模式，选中月饼模型，为其添加"网格平滑"修改命令，进行平滑处理。

（11）按M键打开材质编辑器，选择一个空样本球，单击漫反射后的"贴图"按钮，打开"材质贴图浏览器"，选择"位图"，为其添加"月饼"材质贴图，设置高光级别为20，光泽度为30，在修改命令面板中执行"UVW贴图"命令，月饼模型效果如图2-57所示。

图 2-57

五、展台模型制作主要参考步骤

（1）在顶视图创建一个半径为350 mm、高度为15 mm、高度分段为1、边数为36的圆柱。

实例复制两个圆柱，效果如图 2-58 所示。

（2）在中间创建一个半径为 330 mm，高度分段为 1，边数为 24 的圆柱，为其添加"晶格"修改命令，设置晶格参数为"仅来自边的支柱" ●仅来自边的支柱 ，支柱半径为 5 mm，边数为 36，展台效果如图 2-59 所示。

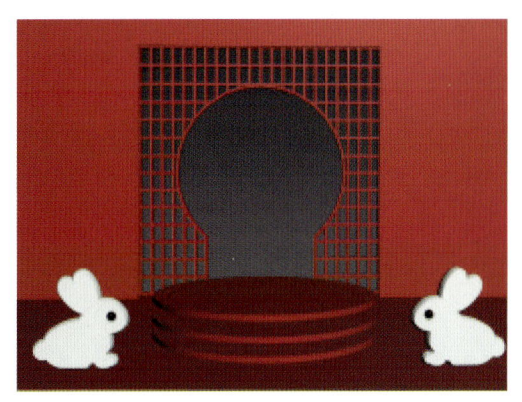

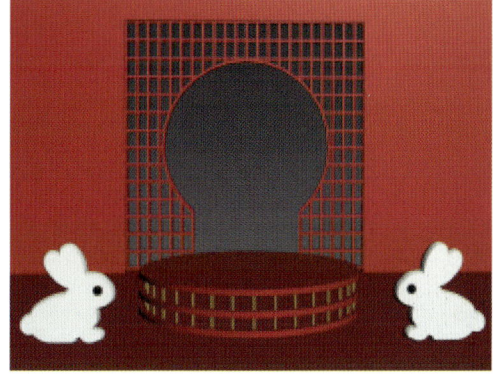

图 2-58　　　　　　　　　　图 2-59

（3）将月饼模型放在展示台上。

六、环境贴图及摄影机制作主要参考步骤

（1）执行"渲染"菜单→"环境"子菜单项（快捷键 8）命令，弹出图示的"环境和效果"对话框，给环境贴图添加一张位图图片，按 M 键打开材质编辑器，将"月亮"贴图拖动到一个空样本球上，修改"贴图"模式为屏幕（图 2-60），通过偏移参数值可以调整贴图的显示。

图 2-60

小提示： 如果想在透视视图中预览环境贴图效果，可以通过执行"视图"菜单→"视口背景"→"环境背景"命令进行设置。

（2）在顶视图创建一个目标摄影机，将透视视图按 C 键转换为摄影机视图，按 Shift+F 组合键打开摄影机安全框，调整好摄影机位置。

（3）中秋场景模型最终效果如图 2-61 所示。大家可以尝试为其他模型制作合适的材质，还可以渲染输出图片后在 Photoshop 等软件中进行后期处理，制作成节日海报。

图 2-61

※ 课后拓展

点、线、面在三维作品中的运用

点、线、面在立体构成中具有重要的地位。

（1）点。点是相对面积较小的元素，面积越小越灵动。在一个作品中，点不是单独存在的，也没有固定的形态，可以是任何形状、任何元素。

（2）线。点构成线。线可以划分空间、建立联系、引导视线和美化排版，具有不稳定、动态、冲击感、运动感。线还有虚实之分，实线一目了然，虚线缥缈虚幻。

（3）面。线构成面。面是画面中面积最大的部分，可以是视觉中心，可以用来区分版面，面也没有固定的形状。

在进行三维设计时，点、线、面一般组合起来使用，把握好各部分之间的平衡，就可以组合成各种各样的形态，让作品更加富有创意。

项目二 视觉设计类模型制作 053

实训任务三　生日舞台模型制作

任务清单 3　生日舞台模型制作

项目名称	任务清单内容
任务导入	生日对每个人来说都是很重要的日子，每年的生日大家都可以和亲朋好友一起度过。在这个特别的日子里，我们可以感受到更多的幸福和爱。生日舞台场景（图2-62）通过礼物、蛋糕、花瓶、文字等元素让整个场景布置更具有仪式感和氛围感，大家可以充分发挥想象制作出属于自己的生日舞台模型。 图 2-62
任务目标	1. 掌握复合对象建模中放样建模的方法。 2. 掌握"车削""扭曲""弯曲""锥化"等修改器命令的使用方法。 3. 掌握物理材质的基本用法。 4. 培养任务分析及场景设计能力
工作标准	1. 综合运用点、线、面进行建模，模型精度较高，结构比例合理。 2. 模型材质精细化制作，色彩、质感细腻美观，视觉冲击力强
任务思考	1. 弯曲时如果设置角度值没有效果通常是什么原因？ 2. 放样时路径参数卷展栏中的路径中输入的数值有什么作用

任务评价

评价标准	自我评价	学生互评	教师评价	企业评价
模型精度高，比例、位置准确（50分）				
材质表现精细、美观（40分）				
渲染设置正确，渲染效果佳（10分）				
总评（权重后综合得分）				

视频：生日舞台模型制作

※ 课前学习——知识准备

一、复合对象建模——放样建模

放样建模是指建立二维截面图形，将其沿一条路径放置从而得到三维物体的建模方法。放样可以在"创建"面板→"几何体"→"复合对象"中创建。

路径：放样路径可以是直线也可以是曲线，可以闭合也可以不闭合，但它不应分为两个或两个以上独立的线形，如圆环，因为其由两个圆构成，所以不能做路径。

截面图形：是指物体在某一高度上的截面或横断面造型。截面图形可以有多个，可以是封闭的，也可以是开放的。

在放样过程中，路径只有一条，而截面的数目可以是任意多个。倒角剖面只可以有一个截面，并且"倒角剖面"修改器的剖面可隐藏但不可以删除。

放样模型还可以通过图2-63所示的"变形"卷展栏中的按钮打开变形曲线窗口调整放样对象的形态，在"蒙皮参数"卷展栏（图2-64）中，路径步数可以调整放样对象的平滑度。

图 2-63

图 2-64

实例操作——花瓶

（1）在前视图绘制一条直线作为路径线，在顶视图绘制一个圆及一个星形作为剖面线，调整星形点数为18，分别调整圆角半径至合适数值，效果如图2-65所示。

（2）选择直线，设置几何体○类型为"复合对象"，单击"放样"按钮，接着在"创建方法"卷展栏下单击"获取图形"按钮 获取图形 ，然后在视图中拾取之前绘制的星形，第一次放样后效果如图2-66所示。

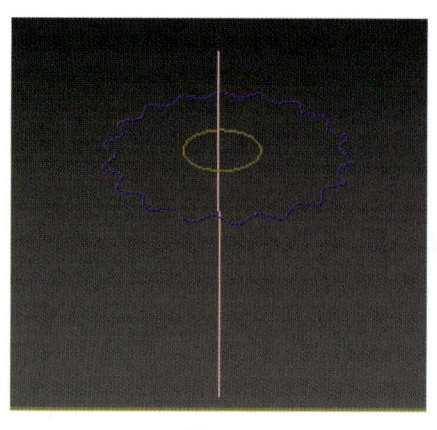

图 2-65 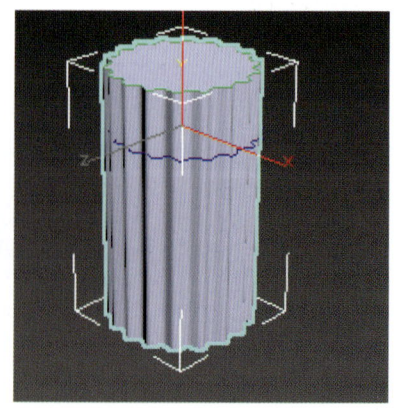   图 2-66

（3）设置"路径参数"卷展栏中路径值为90，单击"获取图形"按钮，在视图中拾取星形，设置"路径参数"卷展栏中的路径值为100，单击"获取图形"按钮，在视图中拾取圆形，设置路径参数后放样效果如图2-67所示。

图 2-67

（4）进入"修改"面板，在"变形"卷展栏下单击"缩放"按钮，弹出"缩放变形"对话框，在该对话框中单击"插入角点"按钮，插入 3 个角点，将中间插入的 3 个角点，单击鼠标右键改为"Bezier-平滑点"，接着利用"移动"工具将缩放曲线调整成图 2-68 所示的形状，得到缩放后放样模型。

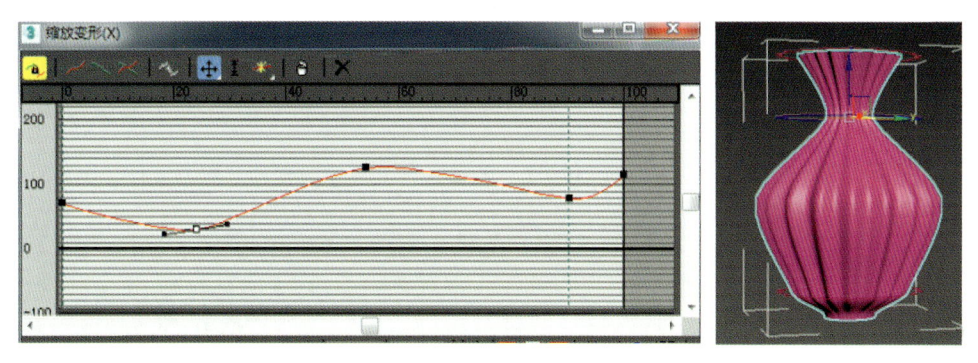

图 2-68

（5）在"变形"卷展栏下单击"扭曲"按钮，然后在弹出的"扭曲变形"对话框中将曲线调节成图 2-69 所示的形状，得到放样花瓶的最终效果。

图 2-69

（6）如图 2-70 所示，取消勾选"蒙皮参数"卷展栏中的"封口始端"复选框，调整路径步数为 12，在修改器列表中为其添加"壳"修改器即可完成花瓶制作。

图 2-70

二、"扭曲"修改器

"扭曲"修改器可以将三维几何体进行扭曲，产生一个旋转效果，它可以控制任意3个轴上的扭曲角度，也可以对几何体的一段限制扭曲效果。需要扭曲的几何对象要在扭曲轴上有足够多的分段。

角度：设置要扭曲的角度。

偏移：设置该值后旋转效果不再是均匀分布。

X/Y/Z：指定要扭曲的轴，默认轴为 Z 轴。

限制效果：勾选后设置两个数值可以控制扭曲的作用范围。

三、材质编辑器

材质编辑器是为场景中的物体添加各种材质的工具，如果你足够熟悉材质编辑器就可以制作出你所看见的任何材质，可以让制作的场景更加真实。

在工具栏中单击"材质编辑器"，会弹出"Slate 材质编辑器"，单击"模式"按钮，选择"精简材质编辑器"，它的界面较为简单。

精简材质编辑器示例窗下的工具如图 2-71 所示。

图 2-71

四、常用材质

"物理材质"是一种现代的分层材质，使用的明暗处理模型包括适用于真实世界中材质的最合理明暗处理效果。

"物理材质"的用户界面有两种材质模式："标准"和"高级"，"标准"参数较少（图 2-72）。"预设"卷展栏可以快速创建不同类型的材质，如釉面陶瓷、旧铜或蜡烛。在"基本参数"卷展栏中，"基础颜色"用于设置材质颜色；设置"粗糙度"值时较高的粗糙度会产生较模糊的材质，较低的粗糙度会产生更为镜面状的材质，反转可以使效果相反；"发射"用于设置自发光效果。"透明度"卷展栏中权重可以设置透明程度。"特殊贴图"卷展栏中的"凹凸贴图"可以使用倍增值来调整凹凸效果的强度；"置换"和置换修改器作用类似。

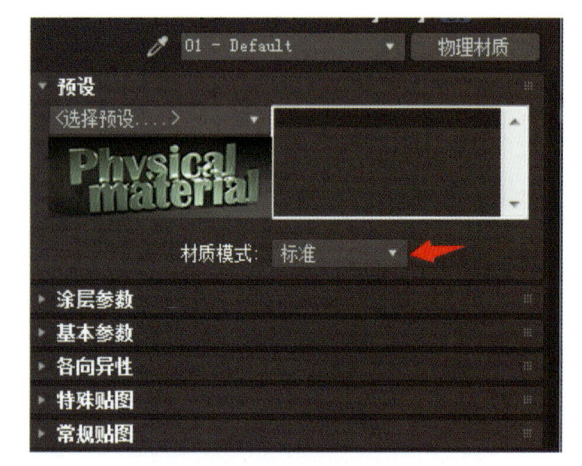

图 2-72

"多维/子对象"材质：由多个材质组成，常用于为可编辑多边形、可编辑网格和可编辑面片等对象按照 ID 号分配材质。

"双面"材质：包含了两种独立的标准材质，可将其分别赋予平面的正面和背面，使其均成为可见面。

"混合"材质：可以在同一表面上将两种材质进行混合。

"标准"材质：是 3ds Max 扫描线渲染器默认且最常用的材质类型。

"光线跟踪"材质：是一种扫描线渲染器中比"标准"材质更高级的材质，具有"标准"材质的特性外，还可以创建真实的反射、折射、半透明和荧光等效果，常用来模拟玻璃、液体和金属等材质效果。

五、常用贴图

贴图就是指定到材质中的图像，它主要用来模拟模型表面的物理特征，如纹理、凹凸效果、反射或折射的程度等。

"位图"贴图：是 3ds Max 贴图中最常用的贴图类型，它支持多种图像格式，可将实际生活中的大理石图片、木纹图片等照片图像作为位图使用。"位图"贴图的使用范围广泛，通常用于"漫反射""凹凸""反射""折射"等贴图通道中。

"棋盘格"贴图：可以产生两色方格交错的图案（默认为黑白交错图案），是纹理变化最单一的合成贴图。它将两种颜色或贴图以国际象棋棋盘的形式组织起来，可以产生多个彩色方案效果，常用于产生一些格状纹理，如砖墙、地板砖等有序纹理。

"平铺"贴图：是计算机根据特定模式计算出来的一种图案，可以制作砖墙材质、大理石方格地面、铝扣板、装饰线、马赛克等，是制作地面材质时使用最多，且效果最好的一种贴图。

"噪波"贴图：是通过两种颜色的随机混合产生一种噪波效果，常用于无序贴图效果的制作，一般在"凹凸"贴图通道中使用。

"渐变"贴图：可以产生三色（或3个贴图）的渐变过渡效果，它有"线性渐变"和"放射渐变"两种类型，3个色彩可以随意调节，不同颜色在渐变色中的大小比例也可以调节，常用在"漫反射颜色"贴图通道中。

※ 课中实训——任务解析

一、实训指导

（1）利用"放样"完成舞台幕布制作；通过"车削""挤出""锥化""扭曲""弯曲"等修改器命令制作蛋糕模型；利用物理材质预设制作不同材质。

（2）渲染器的选择。在 3ds Max 中如果要更改当前渲染器类型，可以按 F10 键打开"渲染设置"对话框，然后在图2-73所示的"渲染器"下拉列表中选择需要的选项后保存即可。

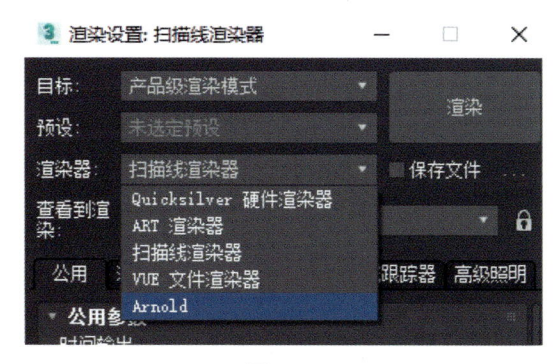

图 2-73

也可以选择自行安装一些其他渲染器（如 VRay 渲染器），安装后列表中会进行显示，很多渲染器的材质和灯光等需要配套使用，制作时要多加注意。同时，不同的渲染器对计算机配置有不同的要求，练习时可以根据实际情况选择合适的渲染器。

二、舞台背景制作

（1）在顶视图创建一个 4 000 mm×4 000 mm 的平面，按快捷键 A 打开"角度捕捉"工具，在左视图选中平面，按住 Shift 键运用旋转工具将其旋转 90°，效果如图 2-74 所示。

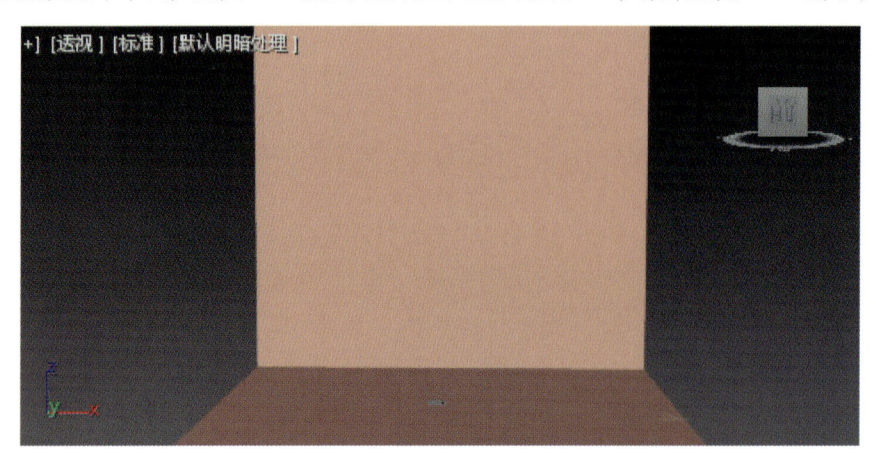

图 2-74

（2）在顶视图选择"创建"面板中的"图形"选项卡，单击选择"线"，在顶视图绘制一条如图 2-75 所示的波浪线，波浪线宽度约为 2 500 mm（可用矩形作为参考对象），在前视图绘制一条垂直地面的直线，长度为 4 000 mm。

图 2-75

（3）选择绘制好的直线，执行"创建"面板→"复合对象"→"放样"命令，在"创建方法"卷展栏中选择"获取图形"，单击顶视图中绘制好的波浪线，放样出的幕布效果如图 2-76 所示。

图 2-76

（4）选择幕布，进入"修改"面板，执行"Loft"→"变形""缩放"命令，打开"缩放变形曲线"编辑器，在编辑器中运用"插入角点"工具在红线上单击插入一个顶点，用鼠标右键单击调整点的类型为"Bezier 角点"，运用"移动"工具调整控制手柄及顶点的位置如图 2-77 所示。

图 2-77

（5）执行"Loft"→"图形"命令，单击顶视图放样出的对象选中图形（注意：不是刚开始绘制的波浪线），在"图形命令"卷展栏中设置"对齐"为"左"，参数选择及设置前后效果如图 2-78 所示。

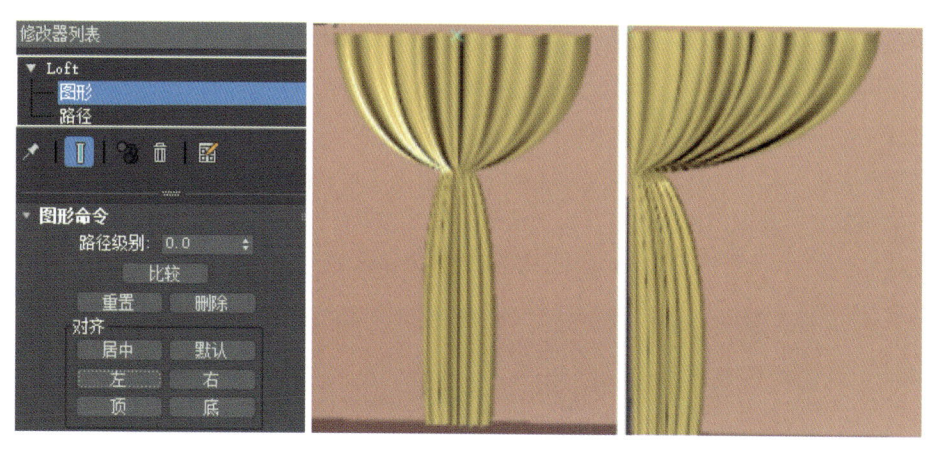

图 2-78

（6）将幕布进行镜像复制一份，放在舞台的另一侧。

（7）执行"图形"→"样条线"→"文本"工具命令，在前视图创建"生日快乐"文本，字体设置为汉仪秀英体简，字号设置为 550 mm。为其添加"倒角"修改命令，将"倒角值"设置为级别 1、高度为 10.0 mm，级别 3 高度为 50.0 mm、轮廓为 -6.0 mm，将其摆放在背景墙上，文字倒角参数及效果如图 2-79 所示。

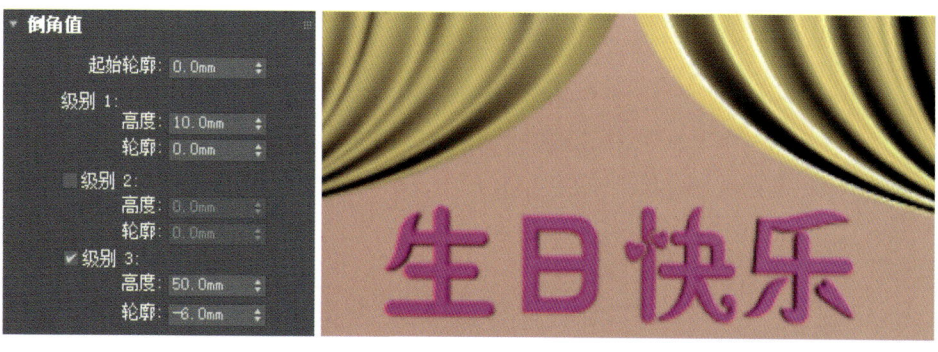

图 2-79

三、蛋糕及花瓶装饰、礼物盒模型制作

（1）花瓶装饰制作：在前视图绘制花瓶剖面线，在修改面板中添加"车削"修改命令，设置车削对齐参数为最大，车削分段为36，勾选"焊接内核"复选框。继续为花瓶添加"壳"修改命令，内部量为1.0 mm，外部量为3.0 mm。在前视图绘制两根线条作为装饰，勾选"在渲染中启用"及"在视口中启用"复选框，花瓶及装饰效果如图2-80所示。

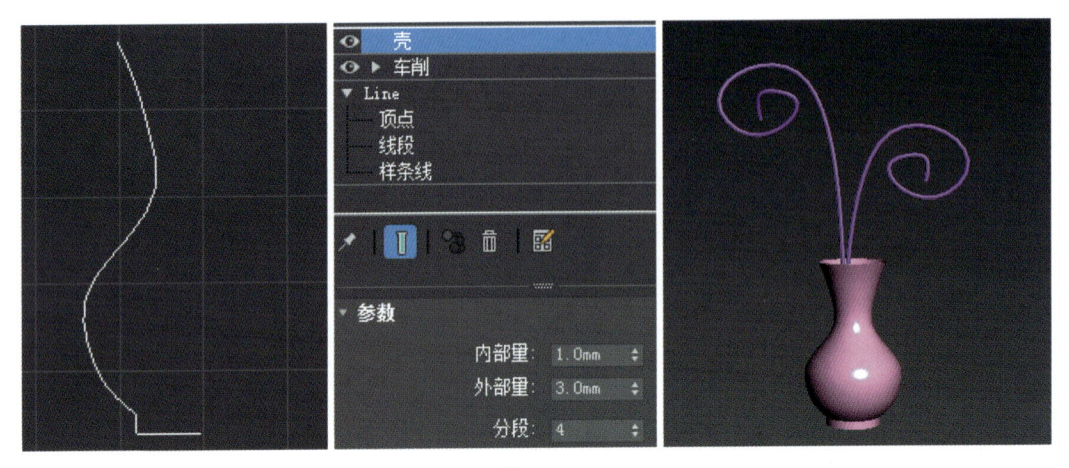

图 2-80

（2）礼物盒模型制作：在顶视图创建一个500 mm×500 mm×500 mm的切角长方体作为礼物盒子，设置圆角值为20 mm，复制两个切角长方体，修改其尺寸为510 mm×50 mm×510 mm，圆角值为25，放置在礼物盒上作为丝带，在前视图绘制出丝带蝴蝶结的形状，在"渲染"卷展栏中设置为矩形显示，尺寸为80 mm×2 mm，礼物盒最终效果如图2-81所示。

图 2-81

（3）蛋糕模型制作：在顶视图绘制星形1，半径为320 mm×300 mm，点为24，圆角半径为20.0 mm，添加"挤出"修改命令，挤出数量为260 mm，分段为11，继续为其添加"网格平滑"修改命令，设置细分方法为NURMS，迭代次数为2，星形1相关参数如图2-82所示。

（4）蛋糕奶油装饰模型制作：在顶视图绘制星形2，依次为其添加"挤出""锥化""扭曲""弯曲"修改命令，其中挤出数量为50.0 mm、分段为20，锥化数量为-1、曲线为1.5，扭曲角度为120、偏移为30，弯曲角度为-15，星形2相关参数及效果如图2-83所示。

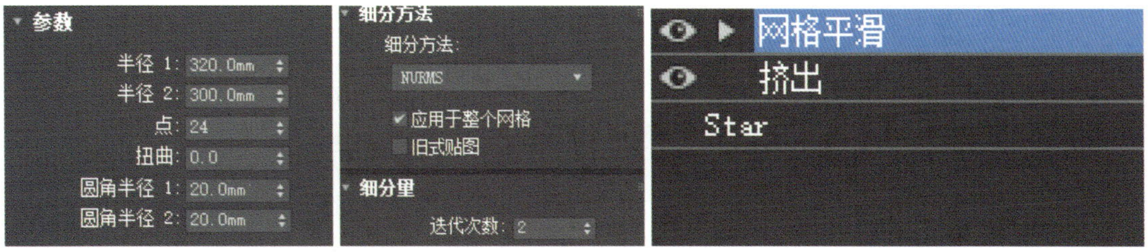

图 2-82

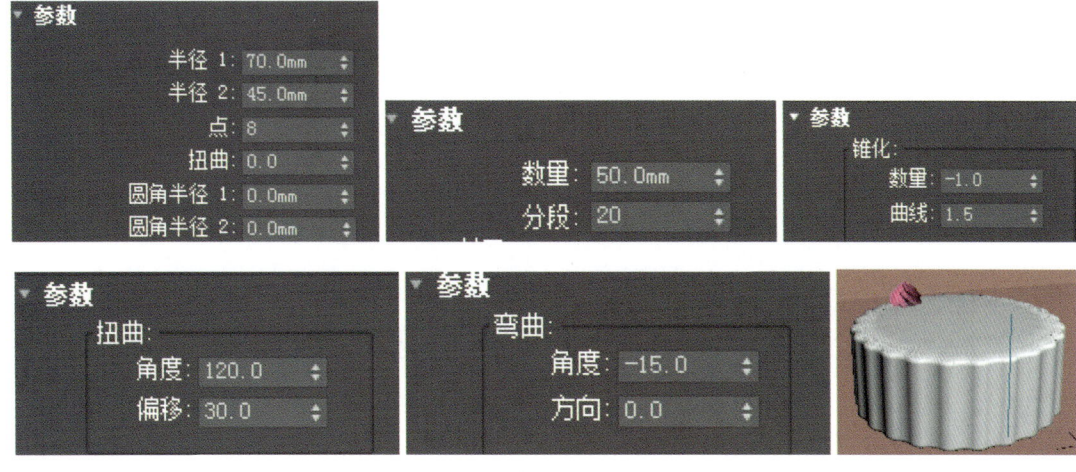

图 2-83

（5）选择制作好的奶油，选择"旋转"工具，修改参考坐标系为"拾取"，在顶视图单击蛋糕模型，将其设置为参考坐标，然后更改坐标中心为变换坐标中心。打开"角度捕捉"工具，在顶视图按住 Shift 键旋转 45°进行实例复制，设置副本数为 7，如图 2-84 所示。

（6）根据自己的喜好在蛋糕上制作装饰物，蛋糕模型效果如图 2-85 所示。

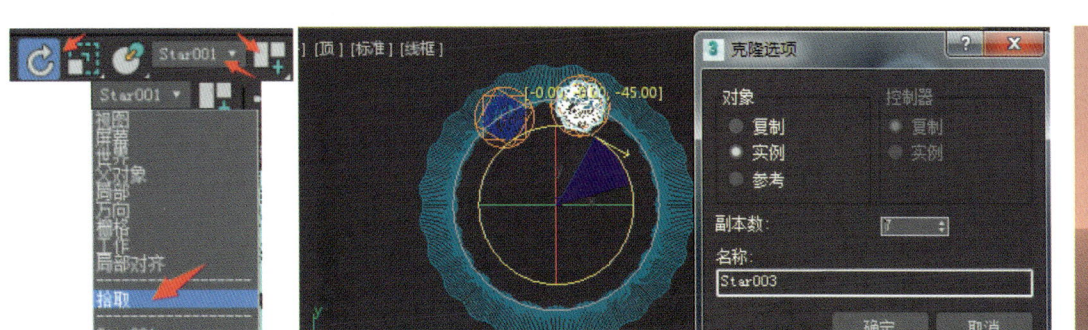

图 2-84 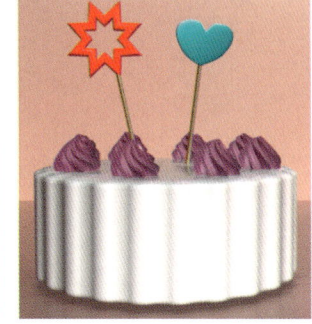　　　　　　　　　　　　　　　　　　　图 2-85

四、主要材质制作及渲染输出的参考步骤

（1）执行"渲染"菜单→"渲染设置"（快捷键 F10）命令，弹出图 2-86 所示的"渲染设置"对话框，将渲染器设置为 Arnold，勾选"公用"选项卡中渲染输出中的"保存文件"复选框，单击"文件"按钮选择保存路径后设置保存类型为 JPEG 图像。

（2）幕布和缎带的金色材质制作：按 M 键打开材质编辑器，选择一个空样本球，将其命名为"金色材质"，材质类型设置为物理材质，预设中选择缎面金，更改基本参数中的粗糙度为 0.33，金属度为 0.55，将金色材质指定给幕布及礼物盒丝带，金色材质参数如图 2-87 所示。

图 2-86 　　　　　　　　　　　图 2-87

（3）背景墙材质制作：选择一个空样本球，将其命名为"背景墙材质"，材质类型设置为物理材质，修改基本参数中的粗糙度为 0.33，背景墙颜色参数如图 2-88 所示为 RGB（0.9，0.65，0.6），将背景墙材质指定给墙面和地面。

（4）礼物盒材质制作：选择一个空样本球，将其命名为礼物盒，将材质类型设置为物理材质，在预设中选择"光滑塑料"，将颜色改为红色 RGB（1，0，0）。礼物盒材质参数如图 2-89 所示。

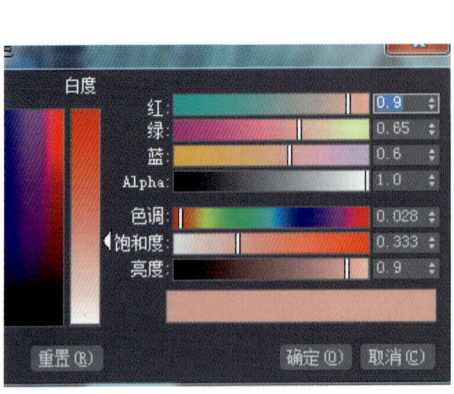

图 2-88 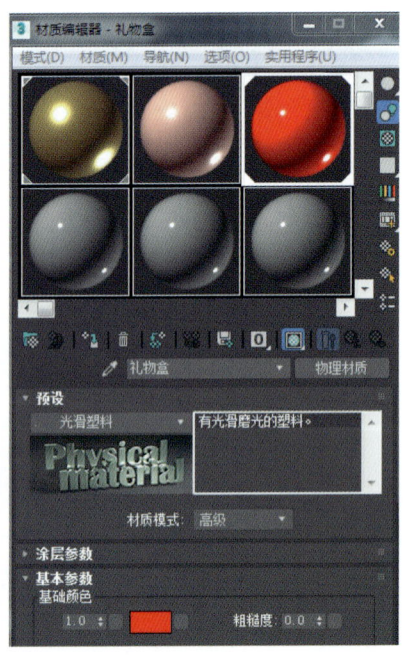　　　　　　　　　　　图 2-89

（5）花瓶材质制作：选择一个空样本球，将其命名为"花瓶材质"，将材质类型设置为物理材质，预设中选择银，将颜色改为 RGB（0.9，0.6，0.8），将其指定给花瓶。

（6）文字格式材质制作：选择一个空样本球，将其命名为"文字材质"，将材质类型设置为"物理材质"，在预设中选择"红色跑车绘制"，将颜色改为RGB（1，0，0.8），将其指定给文字。

（7）用同样的方法完成其他装饰物的材质制作，生日舞台模型最终效果如图2-90所示，可以在此基础上继续进行创作。

图 2-90

※ 课后拓展

一、修改器的应用

在建模过程中，修改器通常是作为辅助工具来使用的。我们可以通过修改器完善、优化和塑造模型（例如："优化""细化""网格平滑""涡轮平滑"等修改器可以优化模型，"扭曲""弯曲""锥化""晶格"等修改器可以重新塑造模型），可以减少建模工作量。不同的修改器作用的对象是不同的。修改器可以叠加使用，在实际工作中，在为计算量较大的模型加载修改器之前，最好先保存一下模型，以免3ds Max出现错误。

二、几何体的塌陷

添加了多个修改器的几何体如果想转换为可编辑对象，可以在视图窗口中选中几何体后单击鼠标右键，在弹出的快捷菜单中选择"转换为："子菜单项中的内容进行转换（图2-91），还可以在修改器堆栈的快捷菜单中通过塌陷操作实现，塌陷后会将该物体转换为可编辑网格，并删除其他修改器，这样可以简化对象，并且还能够节省内存。但是，塌陷之后的几何体就不能对修改器的参数进行调整。

图 2-91

塌陷操作有"塌陷到"和"塌陷全部"两种方法（图2-92）。使用"塌陷到"命令可以塌陷到当前选定的修改器，会保留当前修改器上面的所有修改器；而使用"塌陷全部"命令，会塌陷整个修改器堆栈，删除所有修改器，并使对象变成可编辑网格。

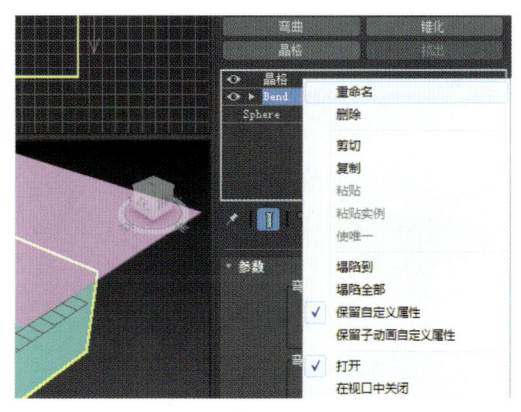

三、其他复合对象建模工具介绍

图 2-92

"散布"可以将所选源对象散布为阵列，或散布到分布对象的表面（源对象必须是网格对象或是可以转换为网格对象的对象）。

"水滴网格"复合对象可以通过几何体或粒子创建一组球体，还可以将一定范围内的球体连接起来，就好像这些球体是由柔软的液态物质构成的一样。如果这些球体相互移开一定距离，将会重新显示球体的形状。

"地形"可以根据表示海拔等高线的可编辑样条线生成网格曲面。在进行创建时先选择"线"，再选择"地形"即可。

PROJECT THREE

项目三 道具、角色类模型制作

项目情境

随着 3D 技术的发展，具有生动纹理的 3D 道具和角色类模型深受大众喜爱。本项目主要通过道具和角色类模型的制作来掌握网格建模和多边形建模的相关操作，其中多边形建模作为当今的主流建模方式，已经被广泛应用到游戏角色、影视、工业造型、室内外等模型制作中。本项目以简单道具作为入门案例，循序渐进学习使用多边形建模和网格建模常用命令制作复杂道具及角色，在练习中充分掌握复杂模型的制作方法和基本流程。

学习目标

★知识目标：

1. 了解道具、角色建模基本流程。
2. 掌握多边形建模常用命令。
3. 了解高级建模布线技巧。

★能力目标：

1. 能够熟练进行道具和角色模型建模。
2. 能够熟练运用网格建模和多边形建模常用命令。
3. 能够将非四边形转换为四边形。

★素质目标：

1. 培养学生复杂模型制作的基本能力。
2. 培养学生的规范操作意识。
3. 培养学生的高级建模布线意识。

职业技能

1. Autodesk 3ds Max 产品专员：3ds Max 建模技术（14%）。
2. ACAA 认证三维模型师：模型 UVW 编辑（6%）；模型贴图绘制（6%）；VR 多边形建模标准（8%）；建模实操技能（30%）。

项目三 道具、角色类模型制作 065

实训任务一 魔方模型制作

任务清单 1 魔方模型制作

项目名称	任务清单内容
任务导入	魔方又称鲁比克方块,最早是由匈牙利布达佩斯建筑学院厄尔诺·鲁比克教授于 1974 年发明的机械益智玩具。魔方拥有竞速、盲拧、单拧等多种玩法,风靡程度经久未衰。现在国内外中小学每年都会举办魔方的大小赛事,使魔方成为最受欢迎的智力游戏。本案例将带领学生运用 3ds Max 软件完成图 3-1 所示的魔方模型制作,体验魔方制作的乐趣,开发智力,不断进步。 图 3-1
任务目标	1. 熟悉 3ds Max 软件中的高级建模流程。 2. 掌握 3ds Max 软件中多边形建模相关操作。 3. 掌握 3ds Max 中针对模型子对象挤出、连接等基本操作。 4. 培养规范操作意识
工作标准	1. 三阶魔方为正方体,边长为 5.7 cm,棱角圆润光滑。 2. 塑料材质精细化制作,外观清晰、布局合理。 3. 在场景中显示光影效果
任务思考	1. 怎样让魔方不同的面显示不同的材质? 2. 制作塑料材质需要修改哪些参数? 3. 怎样在场景中显示阴影
任务评价	<table><tr><td>评价标准</td><td>自我评价</td><td>学生互评</td><td>教师评价</td><td>企业评价</td></tr><tr><td>模型尺寸、结构合理(70 分)</td><td></td><td></td><td></td><td></td></tr><tr><td>灯光阴影表现自然(20 分)</td><td></td><td></td><td></td><td></td></tr><tr><td>摄影机构图合理(10 分)</td><td></td><td></td><td></td><td></td></tr><tr><td colspan="5">总评(权重后综合得分)</td></tr></table>

视频:魔方模型制作

※ 课前学习——知识准备

一、网格建模与多边形建模概述

3ds Max 中的高级建模方法包括网格建模、多边形建模、面片建模及曲面 NURBS 建模等。这几种建模方法都可以进入其子对象进行编辑，其中，网格建模和多边形建模是高级建模中相对较为简单和易于掌握的建模方式，也是目前最流行的建模方法。

网格建模和多边形建模最大的区别在于对形体基础面的定义不同。网格建模将面的子对象定义为三角形，无论面的子对象有几条边界，都被定义为若干三角形的面。而多边形建模将面的子对象定义为多边形，无论被编辑的面有多少条边界，都被定义为一个独立的面。因此，多边形建模在对面的子对象进行编辑时，可以将任何面定义为一个独立的子对象进行编辑。而不像网格建模中将一个面分解为若干个三角形面来处理。使用网格定义的对象和使用多边形定义的对象如图 3-2、图 3-3 所示。

3ds Max 中的多边形建模一般采用将简单的基本形体转换成多边形模型，并通过使用多边形模型的"顶点""边""面""多边形""元素"进行编辑，最后对多边形进行平滑操作得到最终模型。

编辑网格和编辑多边形的进入方法有两种：一种是通过修改器列表进入编辑网格或编辑多边形；另一种是在选择的几何体上单击鼠标右键，或者在修改器堆栈中选择几何体名称单击鼠标右键，在弹出的快捷菜单中选择"转换为："将其转换为可编辑的网格或可编辑多边形，如图 3-4、图 3-5 所示。

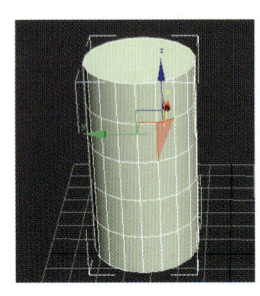

图 3-2 　　　　图 3-3 　　　　图 3-4 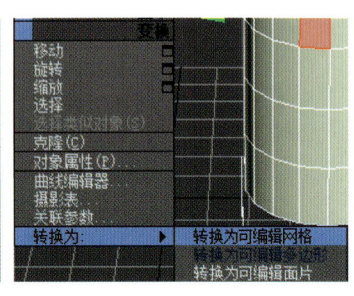　　　　图 3-5

二、编辑多边形

编辑多边形与编辑网格的操作方法非常接近，它们都包含 5 种子对象可供编辑，并提供了多种编辑多边形及子对象的命令。不过编辑多边形中取消了三角形面的概念。

在模型的制作过程中，通常会使用编辑多边形工具，某些不太常用、缺少的命令可以使用编辑网格命令补充。

1. "编辑顶点"卷展栏

编辑多边形包含了对多边形物体顶点的编辑命令，如图 3-6 所示。

"移除"按钮：删除选择的顶点，并将其结合它们使用的多边形，快捷键是 Backspace。移除选择的顶点和按 Delete 键删除选择的顶点会产生不同的效果，如图 3-7 所示。

项目三　道具、角色类模型制作　067

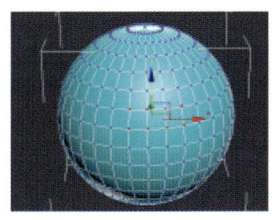

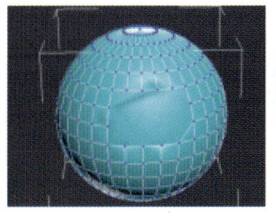

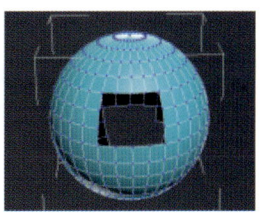

| 选择的顶点 | 移除的顶点 | 删除的顶点 |

图 3-6　　　　　　　图 3-7

小提示：使用"移除"命令删除选择的顶点，不会产生洞，而按 Delete 键删除选择的顶点，会产生多个洞。使用时，一定要注意两者的区别。

"断开"按钮：在与选择顶点相连的每个多边形上都创建一个新顶点，可以使多边形的转角相互分开，使它们不再相连于原来的顶点，如果顶点是孤立的或者只有一个多边形使用，则顶点不受影响，如图 3-8、图 3-9 所示。

"挤出"按钮：将选择的顶点挤出为角状的面，如图 3-10、图 3-11 所示。

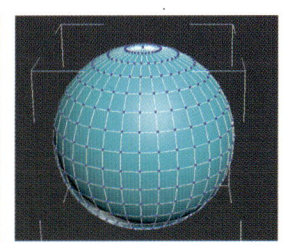

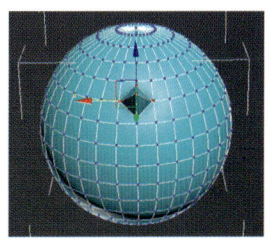

| 选择的顶点 | 断开顶点 | 选择的顶点 | 挤出顶点 |

图 3-8　　　图 3-9　　　图 3-10　　　图 3-11

"焊接"按钮：将选择的顶点焊接为一个顶点。焊接命令常用于顶点相重合的模型接缝处。

"切角"按钮：将一个顶点切为若干个顶点，顶点数量取决于该顶点所引导的边的数量，如图 3-12、图 3-13 所示。

"目标焊接"按钮：以某个顶点为目标对其他顶点进行焊接。

小提示：使用目标焊接的顶点一定是在同一个面上相连的两个顶点或是两个处在边界的顶点。在操作时要注意：执行"目标焊接"命令，选择要焊接的点，拖出一条虚线到目标顶点上，要焊接的顶点就会焊接到目标顶点上。

"连接"按钮：将没有连接的顶点用边进行连接，如图 3-14、图 3-15 所示。

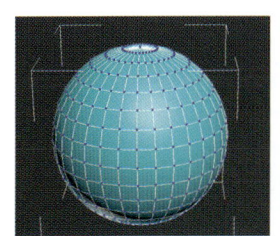

| 选择的顶点 | 切角顶点 | 选择的顶点 | 连接顶点 |

图 3-12　　　图 3-13　　　图 3-14　　　图 3-15

"移除孤立顶点"按钮：移除没有任何连线的顶点，此功能可以用于整理模型上的乱点。

2. "编辑边"卷展栏

编辑多边形包含了对多边形物体边的编辑命令，如图3-16所示。

"插入顶点"按钮：在边上手动插入新的顶点。

"移除"按钮：移除选择的边。保留其所连接的面及顶点，与顶点的移除效果相同。

"分割"按钮：将选择的边进行分割，分割数量由边所连接的面的数量决定。

"桥"按钮：只对开放边有效，操作时单击"桥"按钮，先选择一条开放边，拖出一条虚线，再点取要进行桥连的另外一条开放边，就可以看到两条开放边中间被一个面连接起来，如图3-17所示。

"连接"按钮：在选择的边上连接一条或多条边，可以设置分段数，调整收缩和滑块。

3. "编辑边界"卷展栏

编辑多边形包含了对多边形物体边界的编辑命令，如图3-18所示。

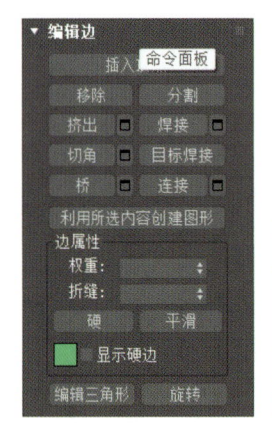

图 3-16 　　　　图 3-17 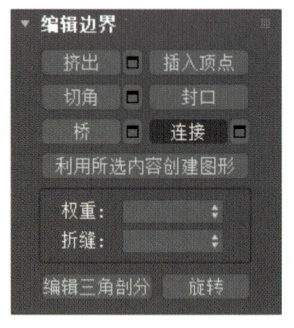　　　　图 3-18

"封口"按钮：使用多个、单个多边形封住整个边界环，如图3-19、图3-20所示。

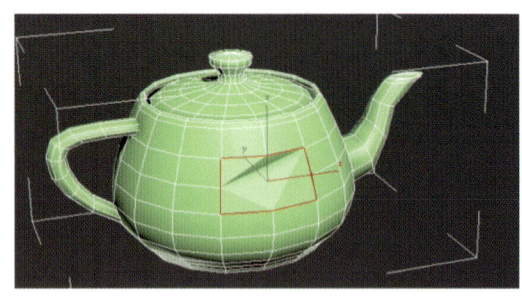

选择的边界　　　　　　　　　　封口

图 3-19　　　　　　　　　　图 3-20

4. "编辑多边形"卷展栏

编辑多边形包含了对多边形层级的编辑命令，如图3-21所示。

"挤出"按钮：挤出多边形面，可以手动挤出，也可以通过单击"挤出"按钮后的设置挤出，这种方法可以设置"挤出类型"和"高度"。

组：沿着每一个连续的多边形组的平均法线执行挤出。如果挤出多个这样的组，每个组将会沿着自身的平均法线方向移动。

局部法线：沿着每一个选定的多边形法线执行挤出。

按多边形：分别对每个多边形执行挤出。

图 3-21

挤出高度（⬚ 10.0）：采用场景单位指定挤出量。可以向外或向内挤出选定的多边形，具体情况取决于该值是正值还是负值。

3 种不同挤出类型的挤出效果如图 3-22 所示。

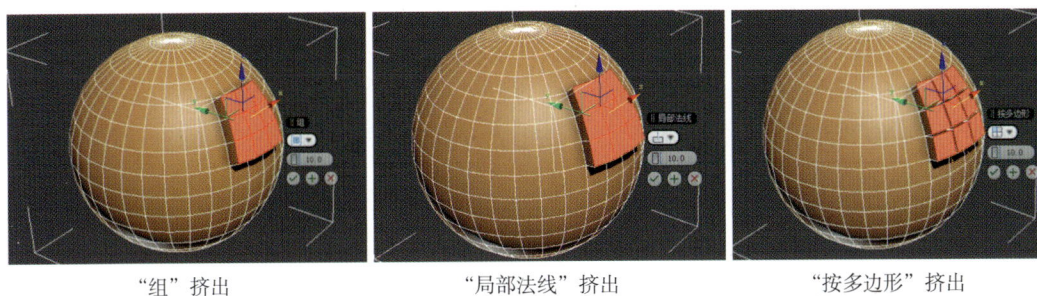

"组"挤出　　　　　　　　　"局部法线"挤出　　　　　　　　"按多边形"挤出

图 3-22

"轮廓"按钮：用于增加或减小每组选择的多边形面的大小值，多边形轮廓效果如图 3-23 所示。

"倒角"按钮：挤出和轮廓命令的结合，多边形倒角效果如图 3-24 所示。

图 3-23

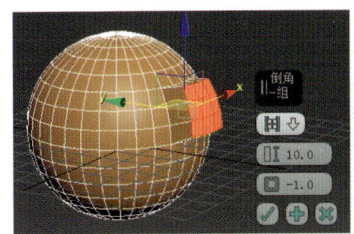

倒角轴为"组"　　　　　　倒角轴为"局部法线"　　　　　倒角轴为"按多边形"

图 3-24

"插入"按钮：执行没有高度的倒角操作，多边形插入效果如图 3-25 所示。

"桥"按钮：原理同边的桥接。操作时要选择桥接的两个多边形，单击"桥"按钮，即可完成桥接，多边形"桥"效果如图 3-26 所示。

5."编辑元素"卷展栏

选择元素子层级后，会出现"编辑元素"卷展栏，"编辑元素"面板如图 3-27 所示。

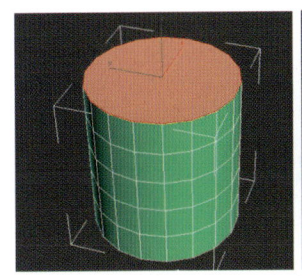

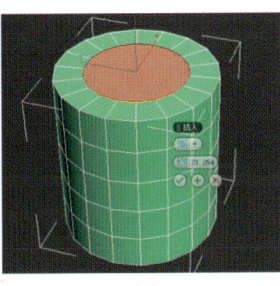

选择的面　　　　　　　　　插入

图 3-25　　　　　　　　　　　　　　　　　图 3-26 　　　　　　　　　　　　　　图 3-27

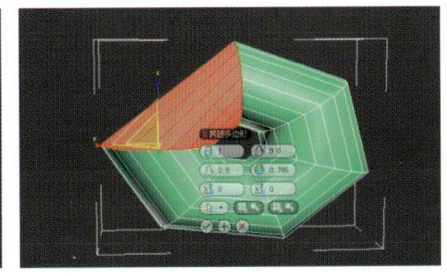

"插入顶点"按钮：同"编辑多边形"卷展栏中的"插入顶点"按钮。

"翻转"按钮：翻转法线，改变所选择的元素的法线朝向。

三、多维 / 子对象材质

使用多维 / 子对象材质可以为一个几何体的不同子对象分配不同的材质。如图 3-28 所示，创建多维材质后，材质可以根据子对象的 ID 号进行自动分配。

多维 / 子对象材质界面如图 3-29 所示，其中，子材质 ID 不受列表顺序的限制，用户可以随时给材质更换 ID 值。

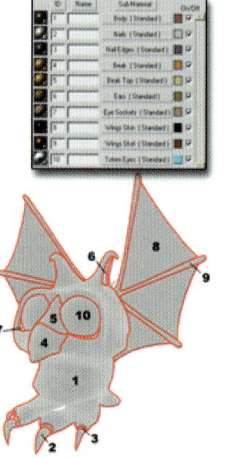

图 3-28

图 3-29

"设置数量"按钮：设置构成材质的子材质的数量。在多维 / 子对象材质级别上，示例窗的示例对象显示子材质的拼凑。（在编辑子材质时，示例窗的显示取决于在"材质编辑器选项"对话框中的"在顶级下仅显示次级效果"切换。）

子材质数量设定好后，可以单击对应材质的"子材质"按钮进入子材质的编辑层对材质进行编辑，通过"子材质"按钮右侧的颜色框，可以改变子材质颜色，勾选或取消勾选"启用 / 禁用"复选框可以控制子材质是否启用。

"添加"按钮：单击可将新子材质添加到列表中。默认情况下，新的子材质的 ID 数要大于使用中的 ID 的最大值。

"删除"按钮：单击可从列表中移除当前选中的子材质。删除子材质可以撤销。

※ 课中实训——任务解析

一、实训指导

（1）魔方模型主要运用可编辑多边形中多边形层级进行编辑，材质采用多维 / 子对象材质，由 7 种材质构成。

（2）"可编辑多边形"卷展栏主要作用见表 3-1。

（3）模型完成后需要做倒角的原因。一是模型边缘有圆角，可以在布光之后产生高光，从而让模型细节更丰富，光影过渡更自然；二是对于产品模型而言，模型结构边缘有倒角可以防止压力集中，导致外力挤压时容易破碎。

表 3-1

卷展栏名称	主要作用	重要程度
选择	访问多边形子对象级别及快速选择子对象	高
软选择	部分选择子对象，变换子对象时以平滑方式过渡	中
编辑几何体	全局修改多边形对象，适用于所有子对象级别	高
编辑顶点	编辑可编辑多边形的顶点子对象	高
编辑边	编辑可编辑多边形的边子对象	高
编辑多边形	编辑可编辑多边形的多边形子对象	高

二、模型制作

（1）创建一个长方体，在顶视图中创建长方体作为魔方的基本形状，按 F4 键显示网格。修改长方体参数如图 3-30 所示。

（2）在长方体上单击鼠标右键，在弹出的快捷菜单中执行"转换为："→"转换为可编辑多边形"命令，如图 3-31 所示。

图 3-30 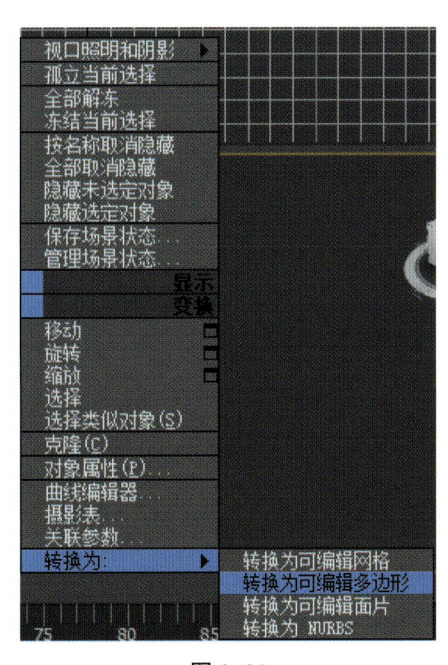   图 3-31

（3）细加工魔方的基本形状，按 4 键，进入多边形子物体层级，如图 3-32 所示，选择所有的多边形面，单击"倒角"右侧的"设置"按钮，如图 3-33 所示。在弹出的对话框中设置参数，如图 3-34 所示。倒角轴向选择"按多边形"选项，如图 3-35 所示。

（4）执行"倒角"命令，倒角数值设置如图 3-36 所示，设置完成单击"确定"按钮。

图 3-32 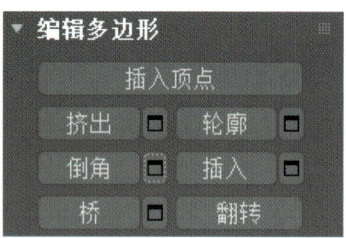　　　　　图 3-33 　　　　　图 3-34 　　　　　图 3-35 　　　　　图 3-36

三、材质制作

（1）为魔方模型设置材质。目前所有倒角后的多边形面仍处于选择状态，可以把这个选择集中命名，方便后面调用并修改。

（2）分配 ID 号，执行"编辑"→"反选"命令，选中所有非倒角面，如图 3-37 所示。在"修改"面板的"多边形：材质 ID"卷展栏中，设置 ID 为 7。之所以设置 ID 为 7，是因为长方体自动将 6 个面分配 ID 号从 1~6，如图 3-38 所示。

（3）设置魔方材质，按 M 键，打开材质编辑器，单击"Standard"按钮，如图 3-39 所示。在弹出的菜单中选择"多维/子对象"材质类型，如图 3-40 所示。单击"设置材质数量"按钮，在弹出的"设置材质数量"对话框中设置"材质数量"为 7，如图 3-41 所示。

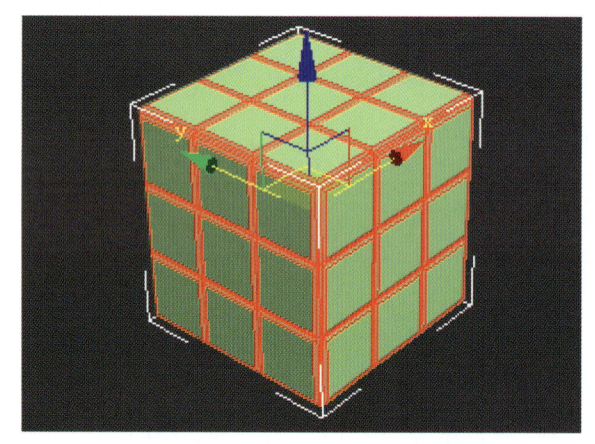

图 3-37

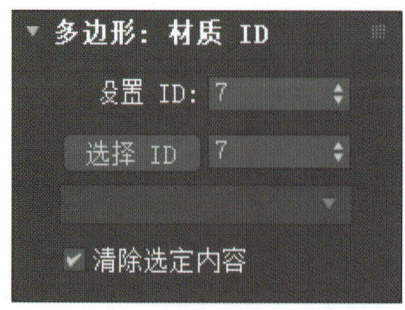

图 3-38

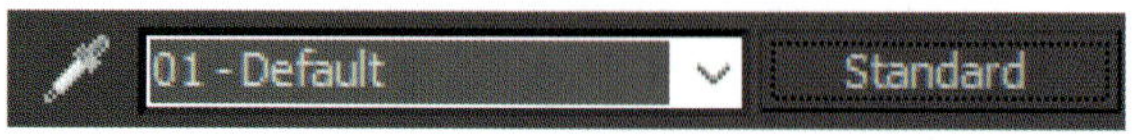

图 3-39

图 3-40

图 3-41

（4）魔方是塑料制品，表面光滑，在圆角处有高光效果。单击第一个材质的空白长按钮，进入标准材质面板。设置漫反射的 RGB 值为（255，0，0），如图 3-42 所示。设置高光级别为 70，光泽度 50，如图 3-43 所示。

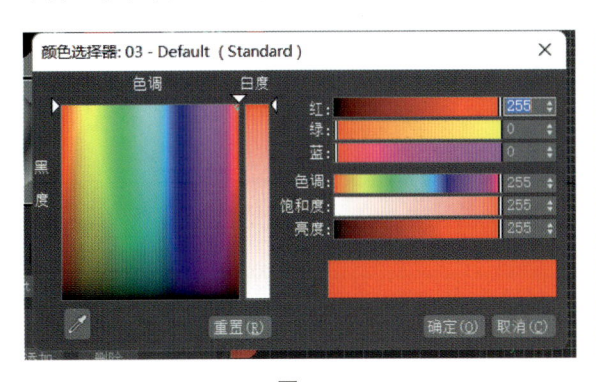

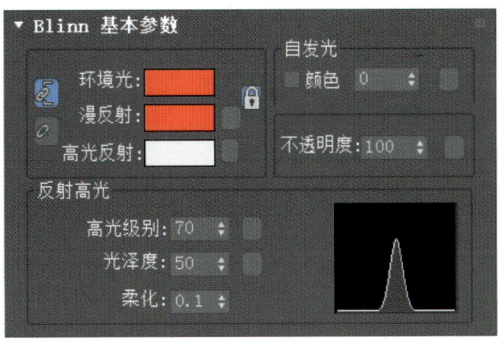

图 3-42

图 3-43

（5）单击"转到父对象"按钮，如图 3-44 所示，回到"多维/子对象"材质编辑面板，拖动 1 号材质到 2 号材质的通道按钮上，在弹出的"实例（副本）材质"对话框中单击"复制"单选按钮。如图 3-45 所示，单击 2 号材质后面的"启用"，设置 2 号材质颜色为黄色。

图 3-44

图 3-45

（6）重复上一步操作，将 3~7 号颜色分别设置为绿色、天蓝色、深蓝色、粉色、黑色 5 种颜色，如图 3-46 所示。

（7）选中场景中的魔方模型，单击"将材质指定给选定的对象"按钮 ，将材质赋予模型，如图 3-47 所示。

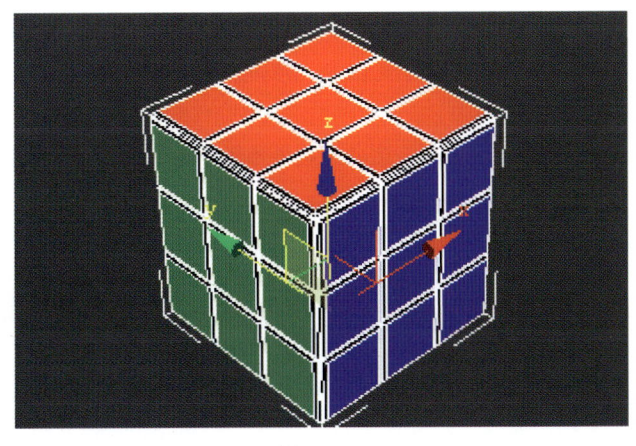

图 3-46

图 3-47

（8）激活透视图，按 Shift+Q 组合键渲染输出透视图，发现渲染视图的高光效果不明显，这是因为模型此时棱角分明，为模型进行光滑处理即可改善这种情况。选择模型，执行"修改"→"网格平滑"命令，设置参数如图 3-48、图 3-49 所示。

图 3-48 　　　　　　　图 3-49

（9）渲染输出透视图，效果如图 3-50 所示。

（10）使用扩展基本体中的切角长方体制作一个简单的桌子，为桌子设置木纹材质。复制几个魔方，放置在桌子上，渲染如图 3-51 所示。

图 3-50 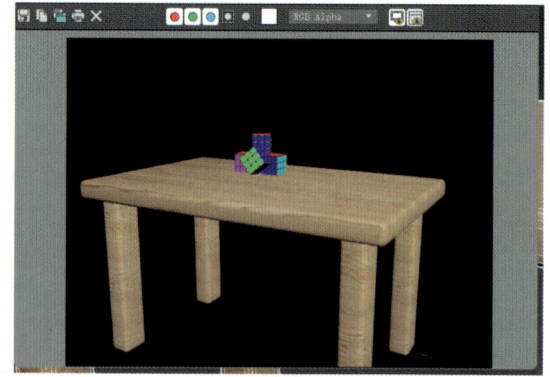　　　　　　　图 3-51

四、灯光制作及摄影机构图

（1）由图 3-51 可知渲染没有光影效果，因此，为场景添加两盏目标平行光，调整灯光位置，修改面板中选中灯光，启用阴影，如图 3-52 所示。

（2）添加摄影机，渲染。效果如图 3-53、图 3-54 所示。

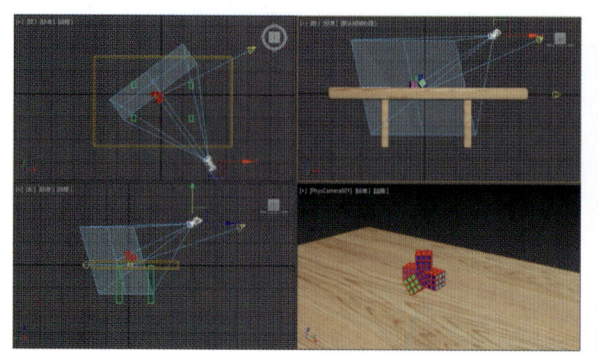

图 3-52

图 3-53 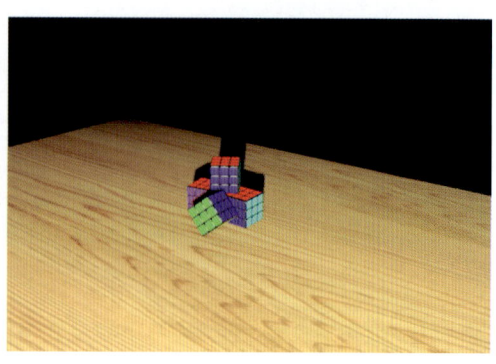　　　　　　　图 3-54

五、举一反三

通过网络检索其他道具图片，运用多边形建模进行创意模型制作。

※ 课后拓展

低多边形风格的应用

低面设计也称低多边形设计，最初起源于 3D 建模。低多边形设计采用较少的多边形，打造棱角分明且简约的晶格化艺术风格，效果如图 3-55～图 3-57 所示。低多边形设计风格应用广泛，从平面到 3D（立体）场景、从工业设计到建筑，无数出色的低多边形设计宣告它的复兴与涅槃，成为继扁平化及长阴影后的流行趋势。在 3ds Max 中建模时，也可以运用可编辑多边形或可编辑网格操作创建风格各异的低多边形设计作品。

图 3-55

图 3-56

图 3-57

实训任务二　火箭模型制作

任务清单 2　火箭模型制作

项目名称	任务清单内容
任务导入	随着科技的进步，我国航天事业也在不断取得新的成就。新时代的我们应该不断增强对世界的探索兴趣，提高对地球和宇宙的认识，并且期望和平利用外太空，促进人类文明和社会进步。本案例将在 3ds Max 中制作图 3-58 所示的长征系列火箭模型，通过案例制作能进一步掌握多边形建模的要点，在学习过程中大家也能够深切地感受到科技的发展和进步。 图 3-58
任务目标	1. 掌握编辑多边形中"挤出""连接""倒角"等命令的使用方法。 2. 回顾"改变轴""阵列"等命令的使用方法。 3. 进一步培养建模思路
工作标准	1. 火箭模型符合工业建模标准。 2. 模型比例正确，造型大气美观。 3. 材质显示多样化
任务思考	1. 在可编辑多边形状态下如何为几何体添加分段？ 2. 平面参考图在使用时应该切换至哪种显示模式

任务评价	评价标准	自我评价	学生互评	教师评价	企业评价
	模型比例、结构合理（70 分）				
	材质表现自然（30 分）				
	总评（权重后综合得分）				

※ 课前学习——知识准备

一、调整物体轴心

使用"层次"面板的"调整轴"卷展栏中的按钮，可以随时调整对象轴点的位置和方向。调整对象的轴点不会影响链接到该对象的任何子对象。

在"命令"面板中单击"层次"按钮，进入"层次"面板再单击"轴"按钮，然后单击"仅影响轴"按钮，打开"仅影响轴"可以自由调整物体轴心，单击"重置轴"按钮可以恢复物体默认轴心，如图 3-59 所示。

在选择"仅影响轴"时，对齐栏中的 3 个选项和作用如下：

（1）居中到对象：将轴移至其对象的中心。

（2）对齐到对象：旋转轴，使其与对象的变换矩阵轴对齐。

（3）对齐到世界：旋转轴，使其与世界坐标轴对齐。

如果选择"仅影响对象"，对齐栏中的选项会发生变化，此时轴不动，对象会发生位置变化，如图 3-60 所示。

图 3-59　　　　　　　图 3-60

二、在 3ds Max 中导入参考图方法

1. 通过 CAD 导入图样文件

通过 CAD 导入图样文件，导入步骤如下：

（1）新建场景，进行单位设置，在菜单栏单击"自定义"按钮，选择"单位设置"，将公制和系统单位都设置为"毫米"，单击"确定"按钮。

（2）导入 CAD 图形文件，单击主菜单，再单击"导入"按钮。

（3）在弹出的"导入选项"对话框中勾选"焊接附近顶点"复选框，并设置"焊接阈值"，勾选"封闭闭合样条线"复选框，最后单击"确定"按钮。

（4）进入顶视图，将其切换至最大化显示，此时将显示导入图样文件全貌。

（5）框选所有导入进来的 CAD 图形文件，单击鼠标右键，在弹出的快捷菜单中选择"冻结当前选择"选项，此时图样文件被冻结，不能再被选中，避免后期建模误选出现问题。

2. 通过材质编辑器赋予平面模型参考图

新建平面，打开"材质编辑器"，选择任一材质球，在漫反射贴图通道添加"位图"贴图，在弹出的面板中选择"参考图"，单击"打开"按钮。将材质赋予平面后更改视图显示模式为"默认明暗处理"即可。

※ 课中实训——任务解析

一、实训指导

制作复杂模型时需先思考模型基本体是什么，在基本体的基础上对顶点、边、多边形、元素等子对象进行编辑，编辑过程中使用相应命令实现相应效果。

二、模型制作

（1）新建平面，将火箭图片通过材质编辑器赋予平面模型，如图 3-61 所示。

（2）按 Ctrl+S 组合键保存。

（3）新建圆柱体，参数设置如图 3-62 所示。

（4）选中圆柱体，单击鼠标右键，在弹出的快捷菜单中执行"可编辑多边形"命令，将其转换为可编辑多边形。按 4 键，进入多边形层级，选中所有侧面，执行菜单栏"反选"命令，选中圆柱体顶面和底面，按 Delete 键删除。如图 3-63 所示。

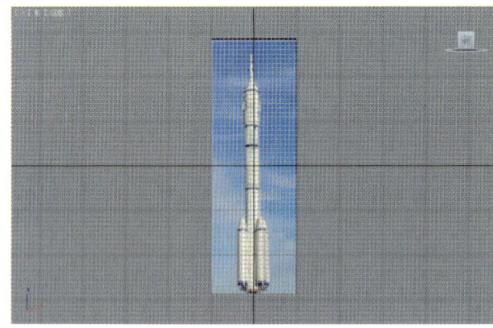

图 3-61 　　　　　　图 3-62 　　　　　　图 3-63

（5）进入边界层级，选中顶部边界，按住 Shift 键同时缩放边界，将火箭加粗效果制作出来，如图 3-64 所示。同时，切换至移动工具，按住 Shift 键同时往上拖动，将加粗的上半部分制作出来，如图 3-65 所示。

（6）使用相同的方法将火箭顶部制作完成，如图 3-66 所示。

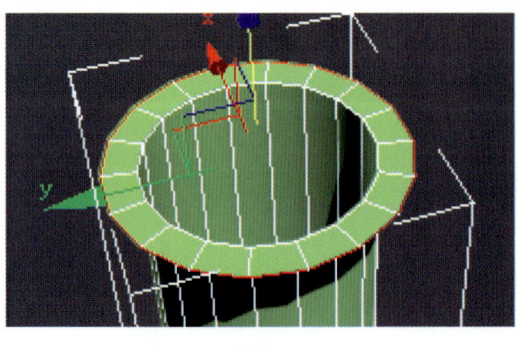

图 3-64 　　　　　　图 3-65 　　　　　　图 3-66

（7）将火箭主体部分位置 X、Y 轴参数设置为 0.0，如图 3-67 所示。制作小火箭部分，新建圆柱体，用缩放工具调整小火箭粗细，并将圆柱体 X、Y 位置也设置为 0，使用移动工具移动其位置，如图 3-68 所示。

（8）选中小火箭部分，单击鼠标右键，在弹出的快捷菜单中执行"可编辑多边形"命令，将其转换为可编辑多边形。按 4 键，进入多边形层级，选中顶面，单击"倒角"按钮 倒角 ，参数设置如图 3-69 所示。

图 3-67

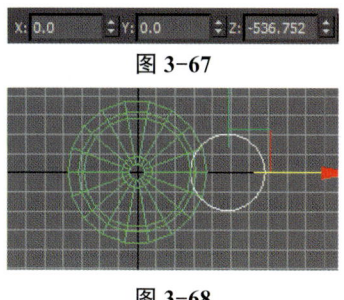

图 3-68 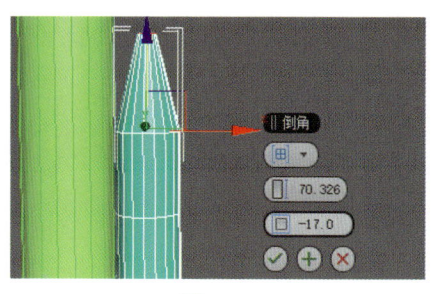　　　　　　　　图 3-69

（9）退回到可编辑多边形层级。
（10）移动坐标轴，使用阵列命令将另外 3 个小火箭制作出来。
进入层次面板，单击"仅影响轴"按钮，按住鼠标左键将坐标轴移动至栅格原点处，如图 3-70、图 3-71 所示。

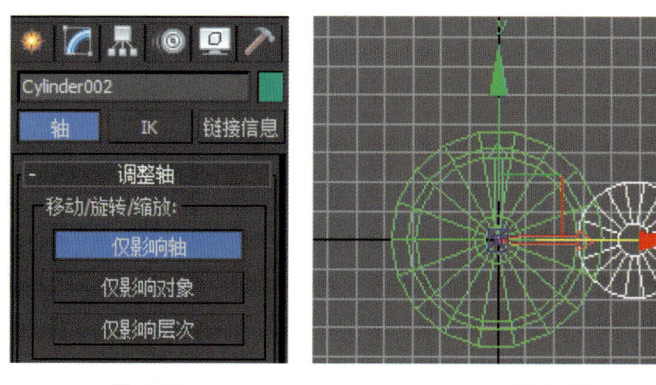

图 3-70　　　　　　　　图 3-71

（11）执行菜单栏工具菜单下的"阵列"命令，在"阵列"面板中，将旋转 Y 轴设置为 90°，"对象类"型选择为"实例"，"阵列维度"模块中的"数量"为 4，将另外 3 个小火箭复制出来，如图 3-72、图 3-73 所示。

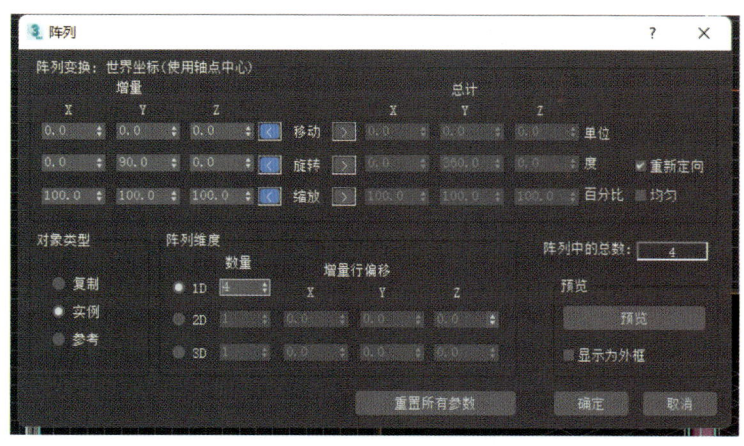

图 3-72 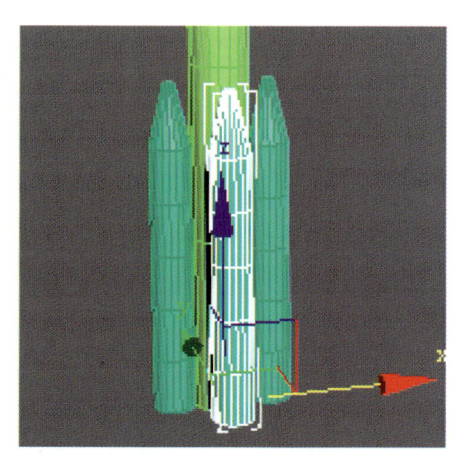　　　　　　　　图 3-73

（12）继续细化火箭主体部分。选择火箭主体，按 1 键，进入点层级，在柱体上调整点，制作出火箭蓝色区域，如图 3-74 所示。

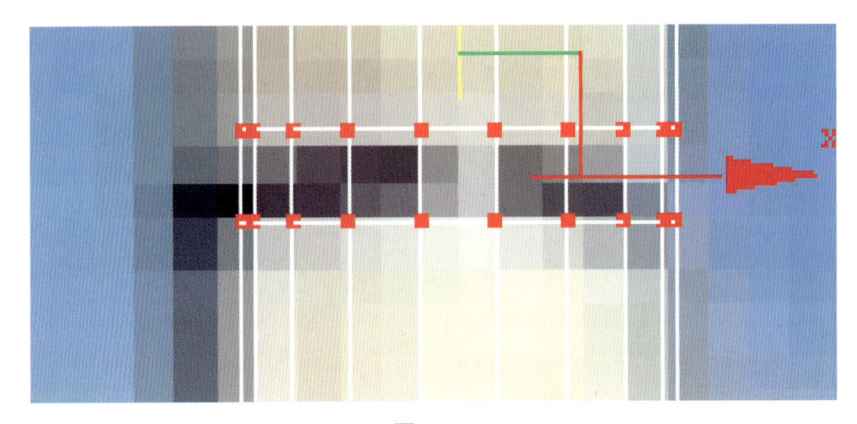

图 3-74

（13）分段不够时需要添加分段，按 2 键，进入边子层级，选中环形边，单击"连接"命令后面的"设置"按钮，添加 1 条分段，如图 3-75 ~ 图 3-77 所示。

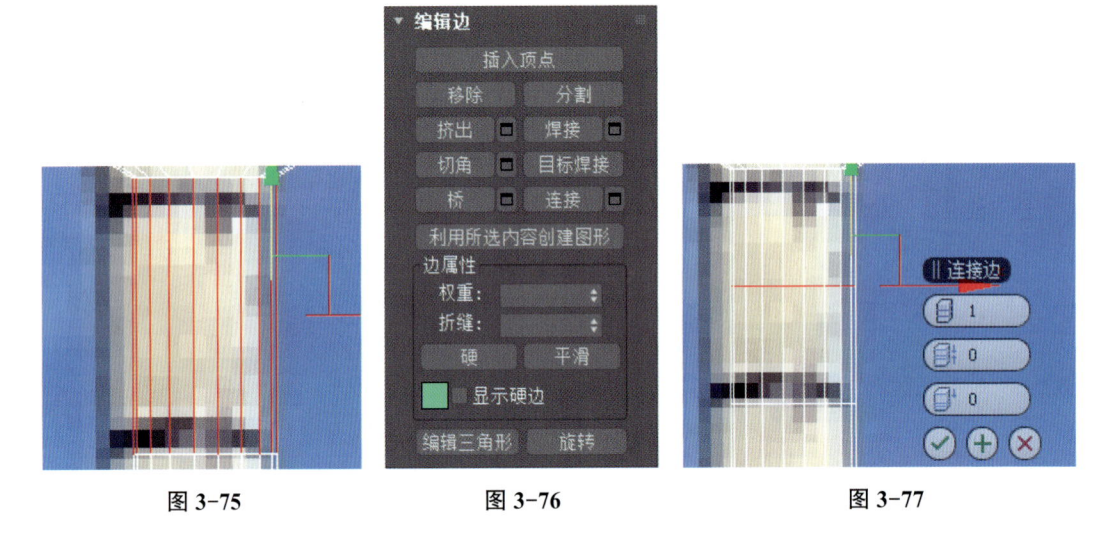

图 3-75　　　　　图 3-76　　　　　图 3-77

（14）按 1 键，进入点子层级中，调整点位置。火箭顶部加线方法同上，如图 3-78 所示。

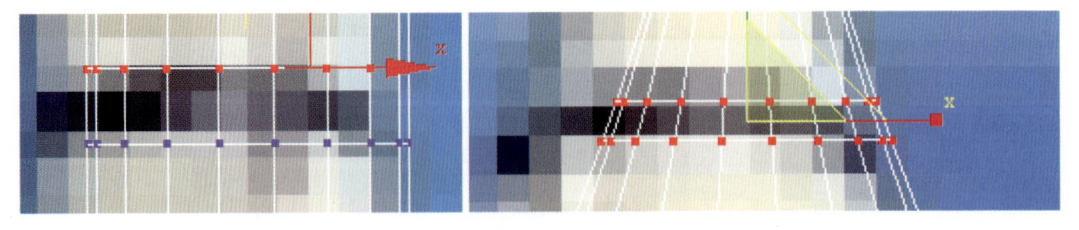

图 3-78

（15）为更好地显示不同材质，为模型中的多边形设置新的 ID 号。按 4 键，进入多边形层级，框选蓝色区域面，设置 ID 为 2，如图 3-79、图 3-80 所示。

（16）火箭主体部分退出多边形层级。用同样的方法，将 4 个小火箭添加线，并选中对应的面设置 ID 为 2，如图 3-81 所示。

图 3-79 　　　　　　　　　图 3-80 　　　　　　　　　图 3-81

（17）退出小火箭多边形层级，选中火箭主体部分，制作火箭顶部细节。进入边层级，连接命令添加分段，参数设置如图 3-82、图 3-83 所示。

（18）制作火箭主体细节。按 4 键，进入多边形层级，选中侧面两个面，单击"挤出"多边形命令后的设置按钮，参数设置如图 3-84 所示。

（19）用同样的方法将其他细节制作出来，如图 3-85 所示。

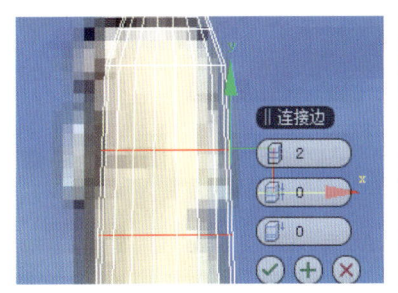

图 3-82 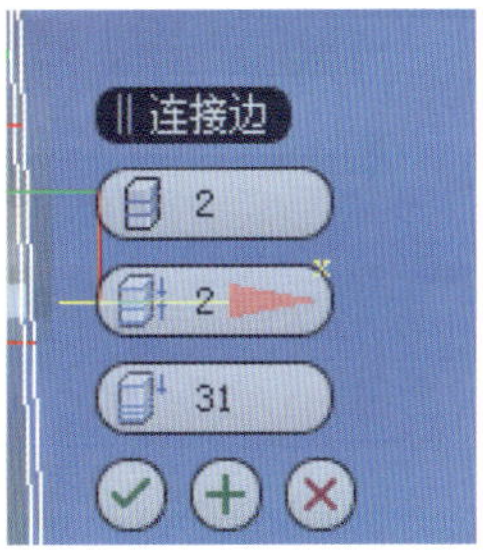　　　　　　图 3-83 　　　　　　图 3-84  　　　　　　　图 3-85

三、材质制作

（1）打开材质编辑器，将标准材质转换为"多维/子对象"材质，并在"多维/子对象基本参数"栏中设置材质数量为 2，如图 3-86、图 3-87 所示。

图 3-86

（2）单击进入第一个材质的编辑区，将漫反射颜色设置为白色（RGB：255，255，255），并设置反射高光参数，如图 3-88 所示。

（3）将材质 1 复制给材质 2，实例材质设置为复制，将材质 2 的漫反射颜色设置为蓝色（RGB：0，0，255），其余参数不变，如图 3-89 所示。

（4）将材质赋予模型，渲染最终效果如图 3-90 所示。

图 3-87

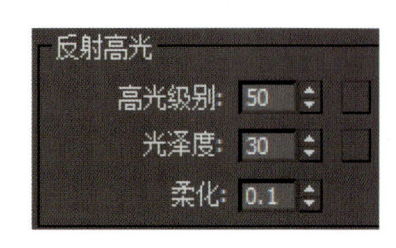

图 3-88 　　　　　　　　　图 3-89 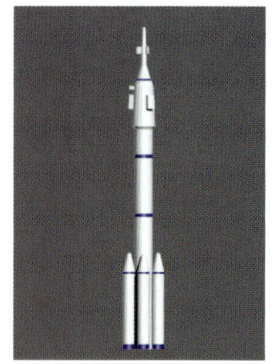　　　　　　　　　图 3-90

四、举一反三

通过网络检索火箭上的贴图，在对应的面上贴上国旗和名称等标识。

※ 课后拓展

将非四边形转为四边形的方法

多边形的定义是边的数量≥3，但是在实际工作中，应该尽量多用四边形，少用三边形，不用≥5的多边形。

三边形的模型通常用在网游中（低模），因为网游一般对模型的要求不高。但是，如果一个模型中存在大量的三边形，在 3ds Max 或其他三维软件（如 ZBrush）中进行细分处理以得到高精度模型时，模型很可能会出错，此时解决办法就只有将三边形转为四边形。在 3ds Max 中，可以利用"四边形网格化"修改器重设平面曲面的网格，其与"网格平滑""涡轮平滑"和"可编辑多边形"中的"细分曲面"工具结合使用可以产生较好的效果。而利用 ProBoolean 超级布尔制作出的对象要设为四边形网格，可以在"修改"面板中的"高级选项"卷展栏中勾选"设为四边形"复选框进行设置，如图 3-91 所示。

图 3-91

实训任务三　足球模型制作

任务清单 3　足球模型制作

项目名称	任务清单内容
任务导入	2022 年，第 22 届卡塔尔世界杯在卡塔尔多哈成功举办。足球是世界第一运动。现代足球的前身起源于我国古代山东临淄的球类游戏"蹴鞠"，后经阿拉伯人由中国传至欧洲，逐渐演变发展为现代足球。本案例将运用网格建模的方法在 3ds Max 中制作图 3-92 所示的足球模型，并运用多维 / 子对象材质进行材质制作，让同学们亲身体验制作足球的感受，推动更多的人热爱足球、热爱运动。 图 3-92
任务目标	1. 掌握 3ds Max 中使用异面体制作模型的方法。 2. 掌握 3ds Max 中网格建模下"挤出""倒角"等命令的使用方法。 3. 掌握 3ds Max 中"网格平滑""球形化"等修改器的使用方法。 4. 培养分析问题、解决问题的能力
工作标准	1. 足球标准直径 22.1 cm，国际足联规定球体圆周标准为 68.5～69.5 cm。 2. 足球模型由 12 块黑色正五边形和 20 块白色正六边形组成。 3. 材质和贴图符合实际。 4. 在视图中制作草坪，制作出足球场场景效果
任务思考	1. 如何将多个模型合为一个整体？ 2. 可编辑网格和可编辑多边形有什么区别
任务评价	评价标准　　　　　自我评价　学生互评　教师评价　企业评价 模型尺寸、结构合理（70 分） 材质表现自然（30 分） 总评（权重后综合得分）

※ 课前学习——知识准备

一、编辑网格

编辑网格修改器是 3ds Max 较早的多边形修改命令，主要针对网格对象的不同子对象层级结构进行编辑，网格对象包含点、边、面、多边形和元素 5 种子对象，如图 3-93 所示。

图 3-93

1. "选择"卷展栏

软选择是以选择的子对象为中心，向四周衰减选择的一种选择方法，从而使子对象的运动对象周围产生一定的影响。软选择只有在子对象层级下才可以使用，如图 3-94 所示。下面对"选择"卷展栏中的主要参数进行介绍。

"使用软选择"复选框：在激活子对象层级的前提下，选中此项，可以使用软选择，软选择应用效果如图 3-95 所示。

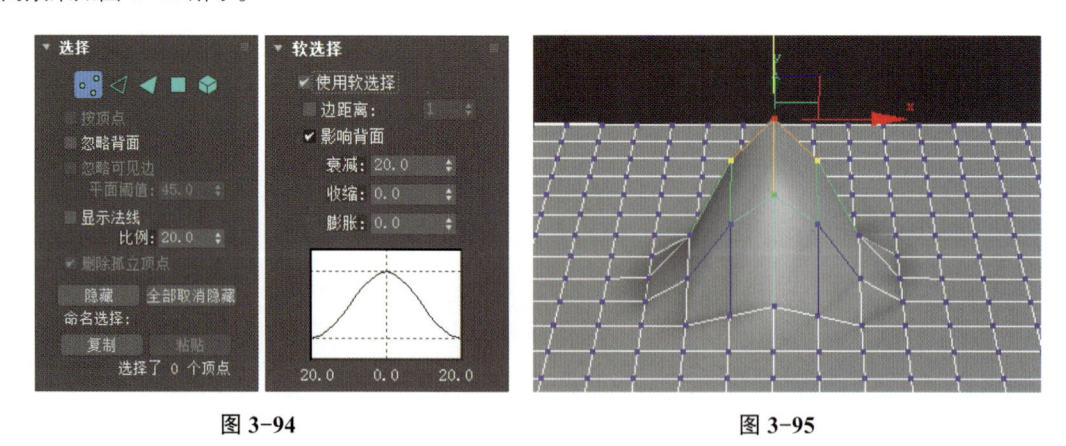

图 3-94　　　　　　　　图 3-95

"边距离"复选框：选中此项，衰减距离将被限制在所设置的边的距离内。

"影响背面"复选框：选中此项，软件选择的衰减范围将影响法线的反面。

"衰减"数字框：是指所选择的子对象对周围的作用范围，增大时衰减范围也将增大，以根据颜色区分受影响的大小，如红色最强，橙色次之，黄色再次之，蓝色最弱。

"收缩"数字框：在不影响衰减值的前提下收缩衰减范围。

"膨胀"数字框：在不影响衰减值的前提下扩大衰减范围。

2. 编辑顶点命令

编辑网格包含了对网格物体顶点的编辑命令。

"附加"选项组：能够使用这个命令将另外一个三维物体结合进来，与当前编辑的物体形成一个物体。

"分离"选项组：与附加功能相反，能够将当前选择的子对象分离出去，形成一个新的物体。

"断开"选项组：将一个顶点断开，形成两个或多个顶点。

"切角"选项组：将一个顶点切成一个平面。

"焊接"选项组：将多个顶点焊接成一个顶点，与断开功能相反。

3. 编辑边命令

编辑网格包含了对网格物体边的编辑命令，如图 3-96 所示。

"挤出"按钮：对选择的边进行"挤出"操作，如图 3-97 所示。操作效果如图 3-98 所示。

"切角"按钮：将选择的切成一个平面，如图 3-99 所示。

图 3-96

图 3-97

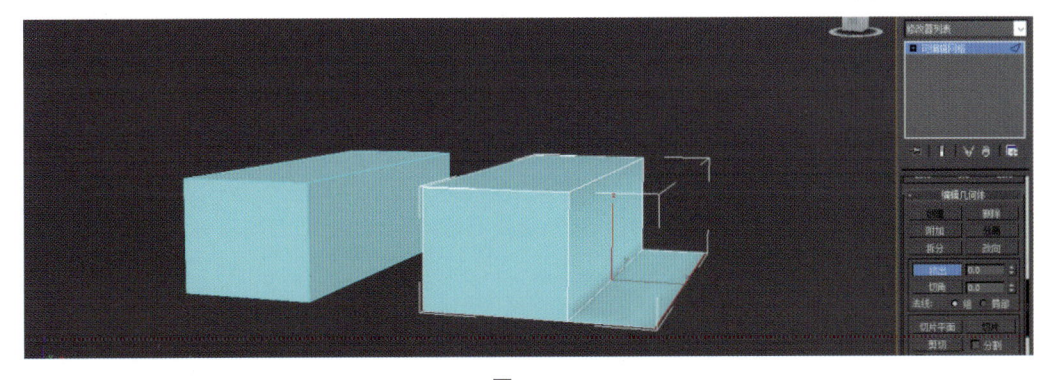

图 3-98

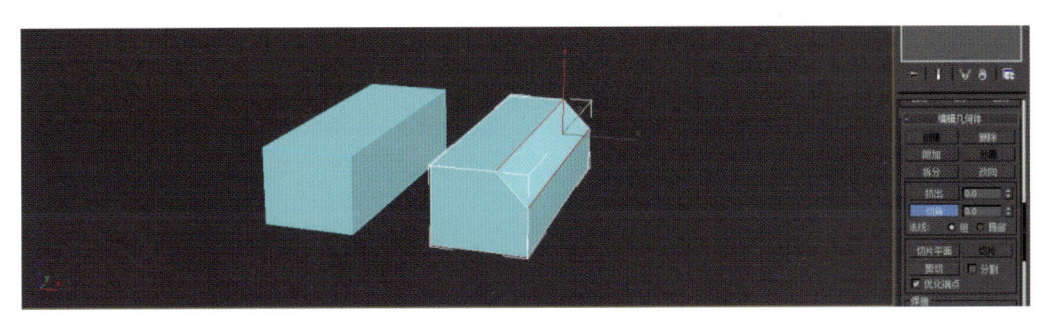

图 3-99

4. 编辑几何体命令

"炸开"命令："炸开"命令在网格建模的"编辑几何体"卷展栏中，其作用是根据边所在的角度将选定面炸开为多个元素或对象。此命令可在对象模式及各个子对象层级中应用，如图 3-100 所示。

编辑网格和编辑多边形有很多命令的含义相同，没有介绍的命令在编辑多边形中已做过介绍。

图 3-100

二、"网格平滑"修改器

"网格平滑"修改器参数面板如图 3-101 所示。

1. 迭代次数

迭代次数是指设置网格细分的次数。增加该值时，每次新的迭代会通过在迭代之前对顶点、边和曲面创建平滑差补顶点来细分网格。修改器会细分曲面来使用这些新的顶点。默认设置为 0。范围为 0~10。

默认值为 0 次迭代，允许在 3ds Max 开始细分网格之前，修改任何设置或参数，如"网格平滑"类型或更新选项。

注：在增加迭代次数时要注意。对于每次迭代，对象中的顶点和曲面数量（以及计算时间）增加 4 倍。对平均适度的复杂对象应用 4 次迭代会花费很长时间来进行计算。可按 Esc 键停止计算，此操作还将"更新选项"自动设置为"手动"。在将"更新选项"重新设置为"始终"之前，减少迭代次数。

2. 平滑度

平滑度是指对尖锐的锐角添加面以实现平滑。计算得到的平滑度为顶点连接的所有边的平均角度。"平滑度"值为 0.0 会禁止创建任何面，"平滑度"值为 1.0 会将面添加到所有顶点，即使它们位于一个平面上。

提示：要仅细分锐化边和角，请使用小于 1.0 的"平滑度"值。要在"线框/边面"视口中查看细分，请禁用等值线显示。

3. 渲染值

渲染值用于在渲染时对对象应用不同平滑迭代次数和不同的"平滑度"值。一般将使用较低迭代次数和较低"平滑度"值进行建模，使用较高值进行渲染。这样，可在视口中迅速处理低分辨率对象，同时生成更平滑的对象以供渲染。

4. 渲染值：迭代次数

渲染值：迭代次数是指允许在渲染时选择一个不同数量的平滑迭代次数应用于对象。启用"迭代次数"，然后使用其右侧的微调器设置迭代次数。

5. 渲染值：平滑度

渲染值：平滑度用于选择不同的"平滑度"值，以便在渲染时应用于对象。启用"平滑度"，然后使用其右侧的微调器设置平滑度的值。

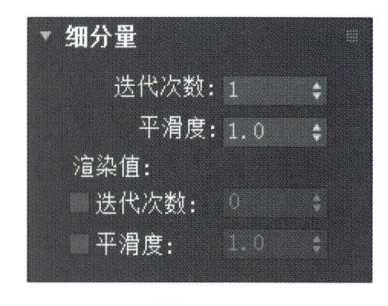

图 3-101

三、"细化"修改器

使用"细化"修改器可以对选择的面进行细分。细分的方式有边和面中心两种。选择边，细分将从面和多边形的中心到每条边的中点；选择面中心，细分将从面或多边形的中心到角顶点，如图 3-102 所示。

四、"球形化"修改器

"球形化"修改器是将对象扭曲变形为球形。在使用此修改器时只需要注意一个参数（百分比微调器）的调整即可。

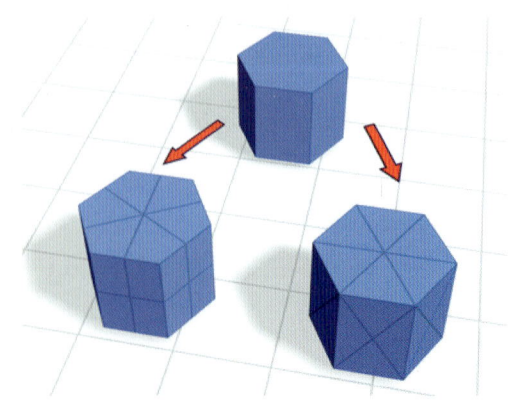

图 3-102

※ 课中实训——任务解析

一、实训指导

（1）利用扩展基本体中的异面体制作足球模型；通过转换为可编辑多边形进一步调整造型；通过"球形化""细化"等修改器制作出足球实际样式。

（2）使用多边形 ID 为模型设置不同 ID 号，分配不同材质，通过 UVW 贴图使贴图正常显示。

二、模型制作

（1）制作足球基本形状。新建场景，在"命令"面板上执行"创建"→"几何体"→"异面体"命令，在透视图中创建一个半径为 110 mm 的异面体作为足球的基本形状（图 3-103），其参数设置如图 3-104 所示。

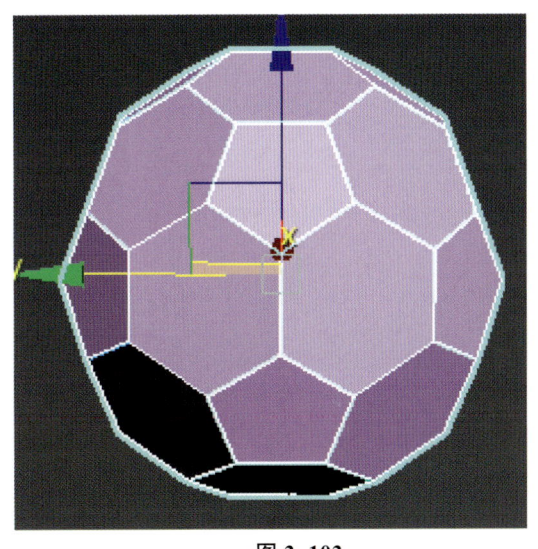

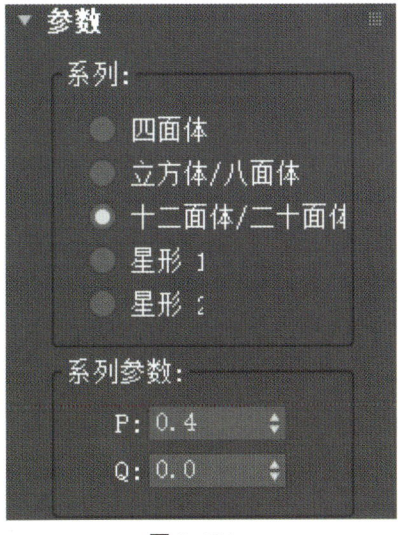

图 3-103　　　　　　图 3-104

（2）完善足球。选择异面体，执行"修改"→"编辑网格"命令，按 4 键，进入多边形子层级。在视图中选择所有多边形面。然后在"编辑几何体"卷展栏中单击"炸开"按钮，此时足球的各个面就会成为独立的网格物体，如图 3-105 所示。

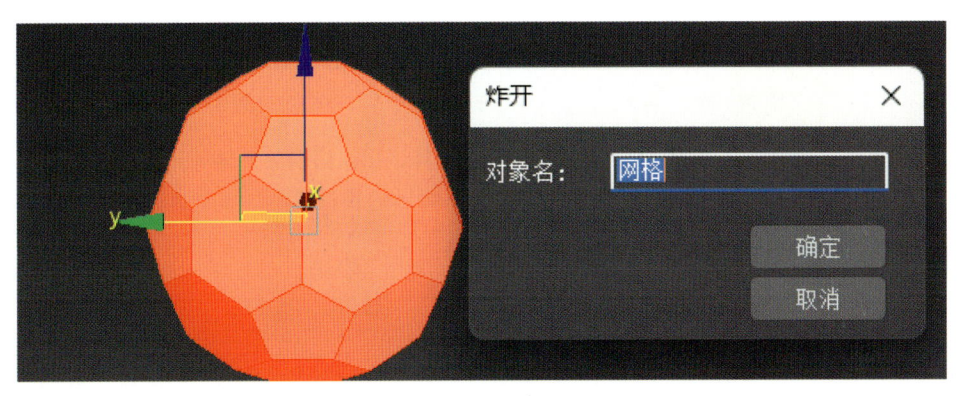

图 3-105

（3）在弹出的对话框中使用默认的名称"网格"，单击"确定"按钮，异面体共分离成 32 个多边形。

（4）单击编辑网格名称，退出"多边形"子物体层级，在视图的空白处单击鼠标左键，退出所有物体的选择状态。

（5）按 H 键，在弹出的对话框中单击"全部选择"按钮，选择所有物体，如图 3-106 所示。

（6）执行"修改"→"编辑网格"命令，按 4 键，进入多边形子层级，在视图中框选所有的面，在"编辑几何体"卷展栏中设置"挤出"值为 9，"倒角"值为 -1，参数设置及效果如图 3-107 所示。

图 3-106

（7）单击编辑网格名称，退出"多边形"子层级。然后，执行"修改"→"细化"命令，具体参数的设置如图 3-108 所示。

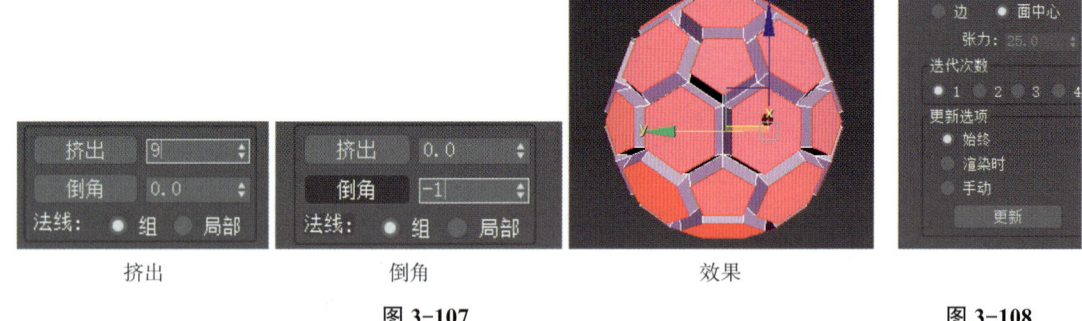

挤出　　倒角　　效果

图 3-107　　　　　　　　　　　　　　　　图 3-108

（8）执行"修改"→"网格平滑"修改命令，具体参数的设置及效果如图 3-109 所示。

（9）执行"修改"→"球形化"修改命令，具体参数的设置及效果如图 3-110 所示。

图 3-109　　　　　　　　　　　　　　　　图 3-110

（10）现在场景中有 32 个物体，任意选择一个物体，把其转换为可编辑多边形，然后在"编辑几何体"卷展栏中单击附加右侧的"设置"按钮，在弹出的对话框中，单击选择所有按钮，将所有物体附加为一个物体，如图 3-111 所示。

三、材质制作

（1）设置足球材质。我们最终要达到的效果是让其表面对应的面布满纹理贴图。这样，就要对整体模型做分表面的贴图设置，需要多个"网格选择"和"UVW 贴图"修改器联合处理。

（2）选择足球，按 5 键，进入元素子物体层级，选择所有元素，在"修改"面板中"多边形：材质 ID"卷展栏中，设置 ID 号为 1，然后退出"元素"子物体层级。

（3）按 M 键，打开"材质编辑器"窗口，打开"材质"卷展栏并双击"多维/子对象"材质类型，在活动视图内会显示该材质节点。单击"设置数量"按钮，在弹出的对话框中设置 ID 数量为 3，6 个面组成的大组 ID 为 2，1 个小面 ID 为 3，其余面 ID 为 1。

（4）设置 3 个材质的高光级别为 44，光泽度为 44，如图 3-112 所示。

（5）激活透视图，按 Alt+W 组合键将透视图最大化显示。选择一组由 6 个面构成的大组，在"修改"面板中的"多边形：材质 ID"卷展栏中，设置 ID 为 2，效果如图 3-113 所示，颜色正好与 2 号材质相对应。

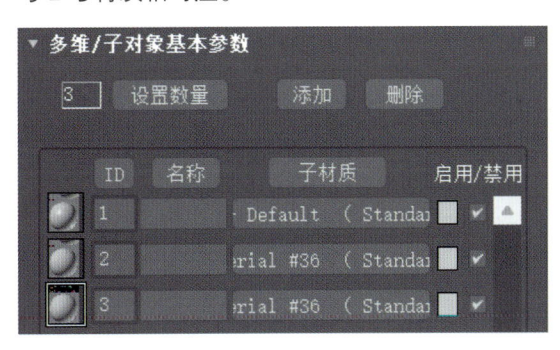

图 3-111

图 3-112 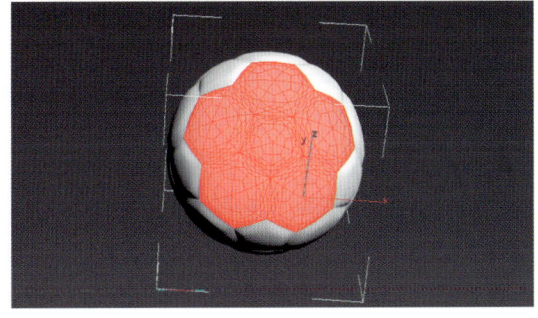　　　　　　　　　　图 3-113

（6）在球体另一侧选择一个小面为其分配材质 ID 为 3，效果如图 3-114 所示。

（7）选择小面，按 M 键，打开"材质编辑器"窗口，单击 3 号材质右侧的长按钮，进入其设置面板。展开"贴图"卷展栏，单击漫反射颜色右侧的"None"按钮，在打开的"材质/贴图浏览器"中双击"位图贴图"类型。然后，选择资源中的"小标志.jpg"文件，单击"在视口中显示明暗处理材质"按钮，效果如图 3-115 所示。

图 3-114 　　　　　　　　　　图 3-115

（8）执行"修改"→"UVW 贴图"命令，在"参数"卷展栏中的"对齐"选项卡中单击"法线对齐"按钮，在选择面的中心位置按住鼠标左键拖曳，然后单击"适配"按钮，效果如图 3-116 所示。

（9）此时，贴图并没有完全充满整个面，这是因为贴图坐标线框有点小。在"修改"面板的堆栈列表中，进入UVW贴图的Gizmo次物体层级。单击主工具栏上的"选择并缩放"按钮，选择物体的局部坐标系，在视图中适当调整贴图坐标的大小，这样小面贴图就完成了。效果如图3-117所示。

图 3-116 　　　　　　　　　　　　　图 3-117

（10）选择材质ID为2的面，按M键打开"材质编辑器"，单击2号材质右侧的长按钮，进入其设置面板。打开"贴图"卷展栏，单击漫反射颜色右侧的"None"按钮，在打开的"材质/贴图浏览器器"对话框中双击"位图贴图"类型。在弹出的对话框中选择素材中的"大标志.jpg"文件，单击"在视口中显示标准贴图"按钮。

（11）执行"修改"→"UVW贴图"命令，单击"参数"卷展栏中的"对齐"选项卡中的"法线对齐"按钮，在选择面的中心位置按住鼠标左键拖曳，然后单击"适配"按钮。

（12）在修改面板的堆栈列表中，进入UVW贴图的Gizmo次物体层级。单击主工具栏上的"选择并旋转"和"选择并移动"按钮，选择物体的局部坐标系，在视图中适当调整贴图坐标角度和位置。

（13）至此6个大面的材质制作完成，效果如图3-118所示。

（14）球体模型制作完成，效果如图3-119所示。

图 3-118 　　　　　　　　　　　　　图 3-119

四、举一反三

尝试使用Vray-毛发材质制作草坪。

※ 课后拓展

多边形的平滑操作

在对多边形进行平滑操作时，可以采用网格平滑和涡轮平滑，以及可编辑多边形中自带的平滑操作来完成。

具体应用时，网格平滑和涡轮平滑是通过在多边形表面增加面，把面分得更加细腻来表达曲度。

项目三　道具、角色类模型制作　091

涡轮平滑被认为比网格平滑更快且更有效率。涡轮平滑提供网格平滑功能的限制子集。涡轮平滑使用单独平滑方法（NURBS），它可以仅应用于整个对象，不包含子对象层级并输出三角网格对象。

　　涡轮平滑效果在锐角上效果最强，并在圆形曲面上可见。因此，涡轮平滑常应用在长方体上和带有小角度的几何体上，在球体和与其相似的对象上则可以选择使用网格平滑。

　　另外，以球体为例，将其转化为可编辑多边形后，可以通过"细分曲面"卷展栏中的选项来进行平滑处理，"多边形：平滑"卷展栏中的"自动平滑"可以将选中的多边形进行平滑处理，平滑后的对比效果如图 3-120、图 3-121 所示。

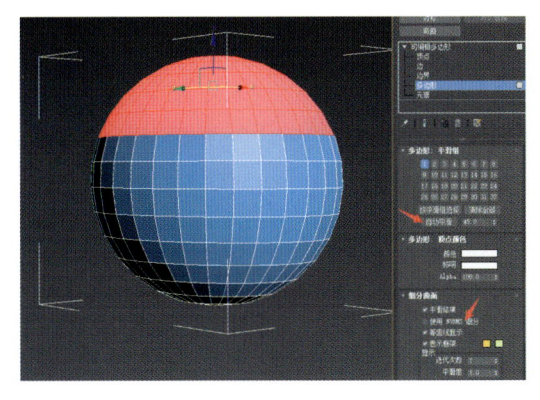

图 3-120　　　　　　　　　图 3-121

实训任务四　冰墩墩模型制作

任务清单 4　冰墩墩模型制作

项目名称	任务清单内容
任务导入	角色建模是三维建模中很重要的一部分，同时也是近些年广受关注的行业。 2022 年 2 月 4 日，第 24 届冬季奥林匹克运动会在北京开幕。北京也创造了历史，成为第一个既举办过夏奥会又举办冬奥会的城市。北京冬奥会吉祥物"冰墩墩"一经发布就广受大众喜爱。可爱的吉祥物"冰墩墩"以熊猫为原型进行设计创作。冰，象征纯洁、坚强，是冬奥会的特点。墩墩，意喻敦厚、健康、活泼、可爱，契合熊猫的整体形象，象征着冬奥会运动员强壮的身体、坚韧的意志和鼓舞人心的奥林匹克精神。 本届冬奥会是我国主办的大型体育赛事，所以在角色设计上体现本届特色，是具有中国元素的创意角色设计。本案例将带领大家在 3ds Max 中制作图 3-122 所示的冰墩墩模型，在制作过程中体会并学习角色建模的方法和流程。 图 3-122

视频：冰墩墩

项目名称	任务清单内容
任务目标	1. 掌握 3ds Max 中角色建模的流程。 2. 掌握建模常用命令的操作方法。 3. 掌握 3ds Max 中角色模型制作过程中的布线原则。 4. 培养角色建模正确布线的操作意识
工作标准	1. 角色模型面数要求：主角 2 000 以下、配角 1 500 以下。 2. 模型布线要符合规范，关节处布线要符合动作需要。 3. 模型只能由三角面和四边面组成。 4. 模型中不要出现多余的点、线或者未合点、合点
任务思考	1. 本案例中冰墩墩的材质是如何制作的？ 2. 角色建模布线需要注意哪些问题
任务评价	评价标准 / 自我评价 / 学生互评 / 教师评价 / 企业评价 模型尺寸、结构合理（60 分） 材质表现自然（20 分） 模型布线规则、合理（20 分） 总评（权重后综合得分）

※ 课前学习——知识准备

一、角色建模

角色建模是将概念（本质上是一个想法）转化为三维模型的过程。角色设计者使用多边形建模、硬表面建模和数字雕刻技术等工具从头开始构建模型。

二、"UVW 展开"修改器

"UVW 展开"修改器用于将贴图（纹理）坐标指定给对象和子对象选择，并手动或通过各种工具来编辑这些坐标。还可以使用它来展开和编辑对象上已有的 UVW 坐标。可以使用手动方法和多种程序方法的任意组合来调整贴图，使其适合网格、面片、多边形、HSDS 和 NURBS 模型。

"UVW 展开"操作方法：执行"一个"或"多个对象"→"修改"面板 →"修改器列表"→"对象空间修改"→"UVW 展开"命令。

三、角色建模布线规则

1. 布线疏密的依据

无论是动画级还是电影级，布线的方法基本上没有太大区别，只是疏密安排不同而已，基本上可以遵循这样的规律：

运动幅度大的地方线条密集，包括关节部位、表情活跃的肌肉群，如图 3-123 所示。

运动幅度小的地方线条稀疏，包括头盖骨、部分关节和关节之间的地方，如图 3-124 所示。

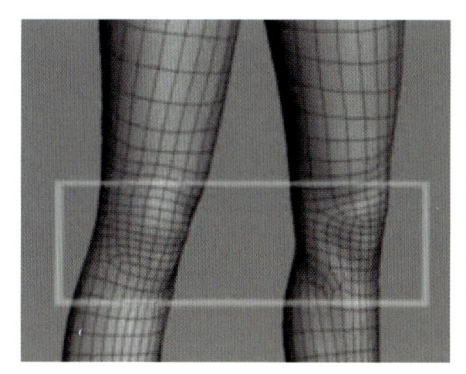

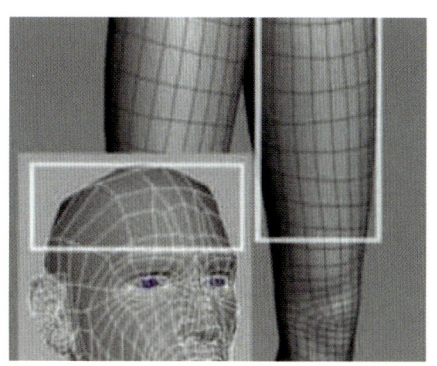

图 3-123　　　　　　　　图 3-124

密集的线有两个用途：首先是用来表现细节；其次是使伸展更方便，例如：眼睛在表情动画中的变化是最丰富的，因此，眼眶周围需要有足够的伸展线。而头盖骨部位不会有肌肉变形和骨骼运动，此处的布线能够定型就可以了。耳朵的形体很复杂，但是它布线的密集只是为了起到增加细节的作用。

2. 布线的准则：动则平均，静则结构

伸展空间要求大、变形复杂的局部，采用平均法能够保证线量的充沛及合理的伸展走向，以此来支持大的运动幅度，如图 3-125 所示。

变形少的局部用结构法做足细节，它的运动可伸展性不用考虑得那么周全。

3. 均等的四边形法

均等的四边形法要求线条在模型上分布平均且每个单位模型近似。均等的四边形法的线条安排一般是按照骨骼的大方向走，即纵向要和相对应的骨骼垂直。

优点：由于面与面大小均等、排列有序，为后续工作提供很大的便利。

（1）方便循环线的选择；

（2）方便深入细化、雕刻；

（3）方便 UV 的选择断开；

（4）如果是角色造型，将会方便以后的骨骼蒙皮。

缺点：要想体现更多的肌肉细节，则面数会成倍地增加（一般用于对视觉要求苛刻的电影角色），如图 3-126 所示。

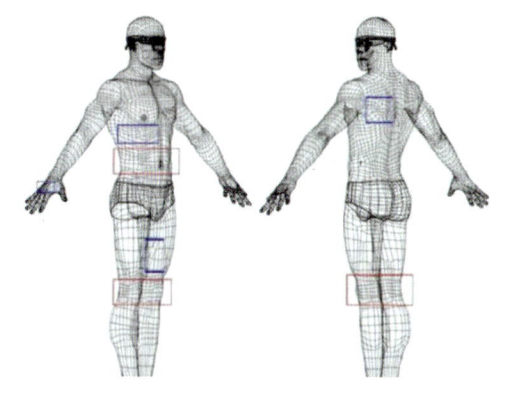

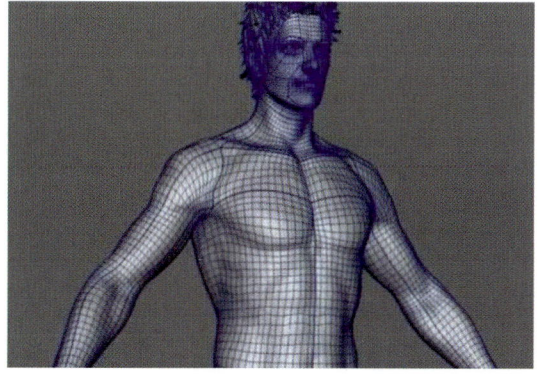

图 3-125　　　　　　　　图 3-126

4. 一分三法

一分三法主要是用于由简单到复杂过渡的处理上，既增加细节、衔接转折，又不会让布线变得混乱不堪。

鼻子的分线不用这种方法,鼻翼就很难出型,如图 3-127 所示。

一分三法和一分二法有本质的区别,一分二法一般用来改变布线的走向,它们是由不同肌肉交界时造成的,起到分流造型的作用。

5. 三星、五星、多边形、三角面的处理

多边形建模一般要兼顾圆滑后的效果,但是,五星、三星、多边形、三角面在圆滑后会有不平整的表现,产生瑕疵。

五星、五边形在表情上会难以控制,不能很好地伸展,一般哪里出现五星,伸展便会在哪里截止,如图 3-128 所示。

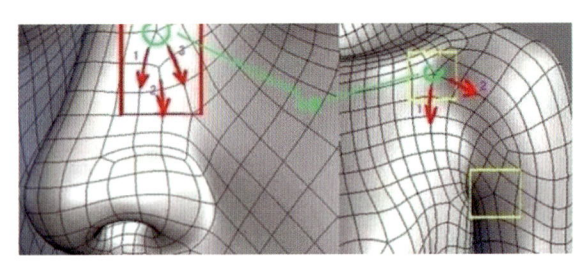

图 3-127 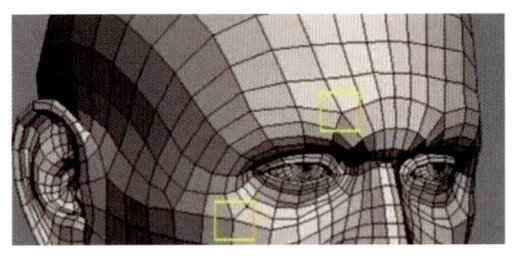　　　　　　　　　图 3-128

如果运动幅度大的地方有它们的身影就会严重影响肌肉变形。人眼、嘴部圆形越多越有利于肌肉的伸展,更适合表情制作,如图 3-129 所示。

在不可避免的情况下,将三星、五星尽量藏在肌肉运动幅度小或主视线以外的地方,如图 3-130 所示。

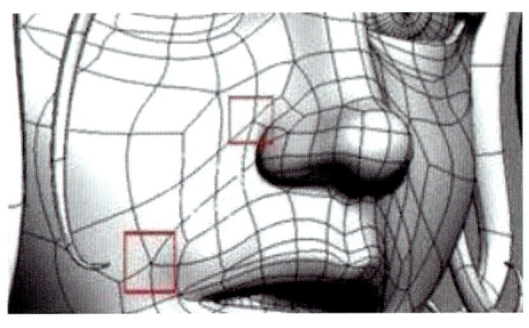

图 3-129 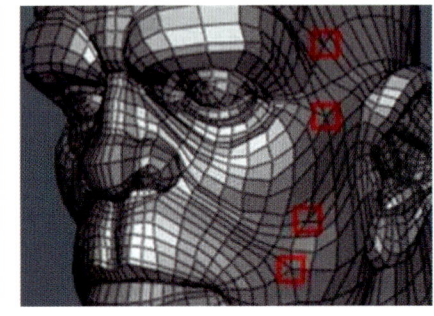　　　　　　　　　图 3-130

※ 课中实训——任务解析

一、实训指导

(1)模型分为身体和外壳两部分,外壳可在身体模型的基础上修改完成。

(2)模型材质贴图可以运用 Photoshop 进行绘制,模型在添加"UVW 展开"修改器后添加贴图。

二、模型制作(身体)

(1)按照图 3-131 所示的尺寸新建平面,通过材质编辑器为平面赋予冰墩墩材质,如图 3-132 所示。

项目三　道具、角色类模型制作　095

（2）为方便观察模型，将平面移至图 3-133 所示的位置（X 轴为 0，只改变 Y 轴和 Z 轴）。

图 3-131 　　　　　　　　图 3-132 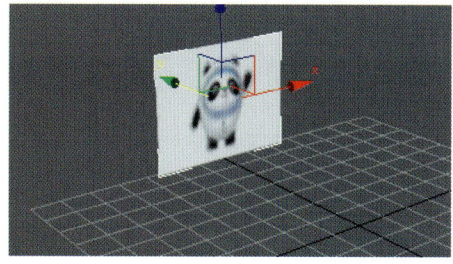　　　　　　　　图 3-133

（3）新建球体，作为冰墩墩模型主体，前视图调整到合适大小，旋转 90°，如图 3-134、图 3-135 所示。

（4）为模型添加"FFD 4×4×4"修改器，通过调整点，使模型和图片轮廓吻合，如图 3-136 所示。

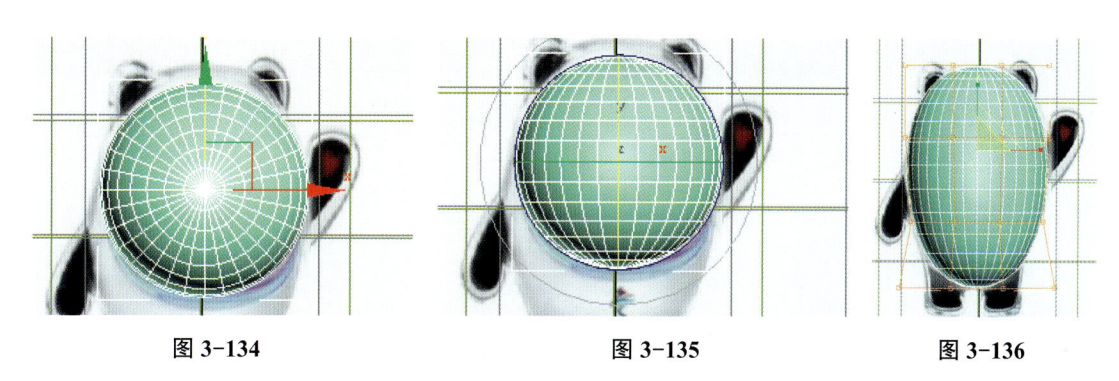

图 3-134　　　　　　　　图 3-135　　　　　　　　图 3-136

（5）使用二维线绘制四肢，描出四肢中心线，在"修改"面板中，勾选"渲染"卷展栏中的"在渲染中启用""在视口中启用"复选框，将厚度改为 75。

（6）将左胳膊转换为可编辑多边形，选中点调整造型，如图 3-137 所示。

（7）选中胳膊底部多余的边线移除，进入多边形层级，选中底部的面，"缩放"工具调平，再执行"倒角"命令，设置两遍倒角。设置参数和效果如图 3-138、图 3-139 所示。

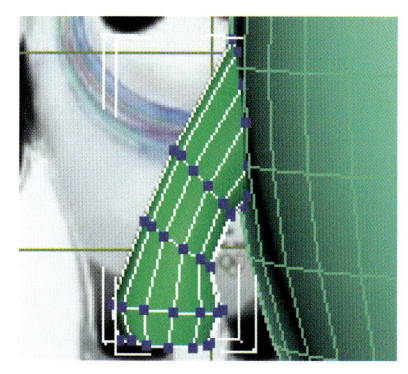

图 3-137 　　　　　　　　图 3-138 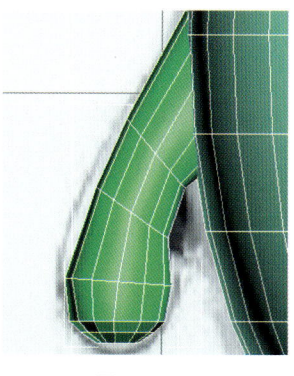　　　　　　　　图 3-139

（8）将胳膊顶部的面删除，添加"涡轮平滑"修改器，效果如图 3-140 所示。

（9）另外一只胳膊可通过"镜像"命令提高效率。选中左胳膊，使用"镜像"命令，镜像轴设置为 XY，克隆当前选择设置为复制。将镜像出的右胳膊移动到合适位置，如图 3-141 所示。

（10）进一步调整胳膊造型，"修改"面板暂时关闭"涡轮平滑"修改器，选择"可编辑多边形"，进入边层级，调整右胳膊循环边，使其和背景图片重合，如图3-142所示。

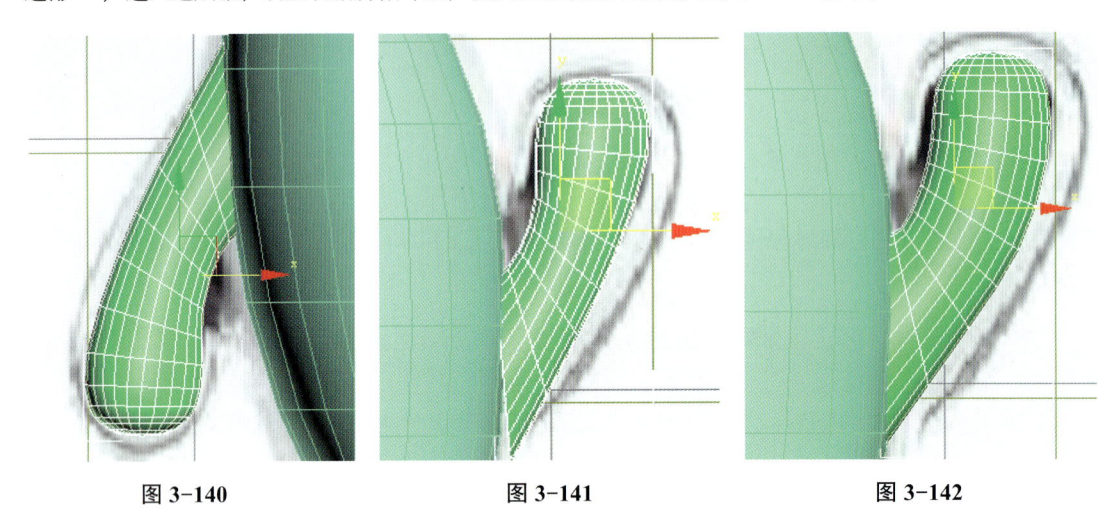

图 3-140　　　　　　图 3-141　　　　　　图 3-142

（11）腿部造型和胳膊做法一致，先画线，勾选在"渲染中启用""在视口中启用"复选框，如图3-143所示。然后将其转换为可编辑多边形，选边调整造型，如图3-144所示。调整好后添加"涡轮平滑"修改器，如图3-145所示。

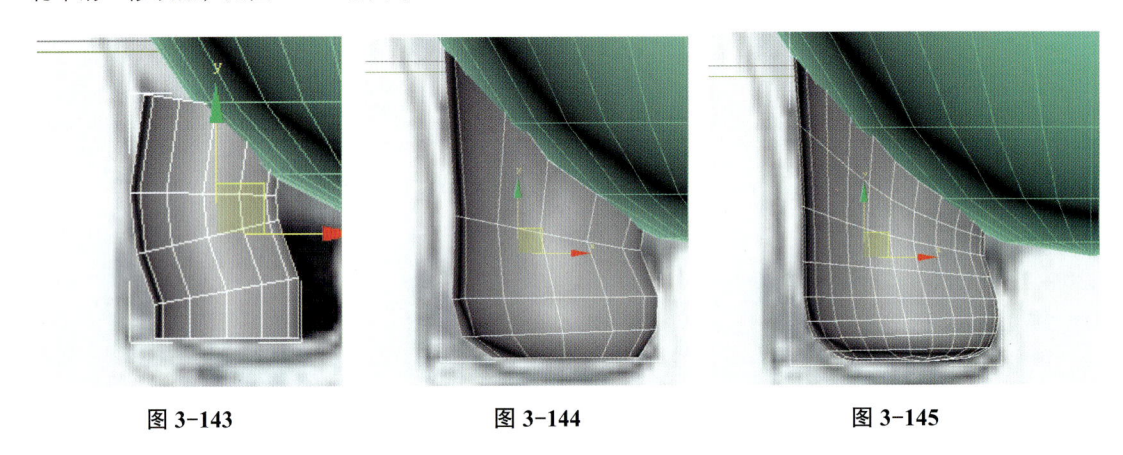

图 3-143　　　　　　图 3-144　　　　　　图 3-145

（12）将另一条腿使用镜像复制的方式制作出来，如图3-146、图3-147所示。

图 3-146 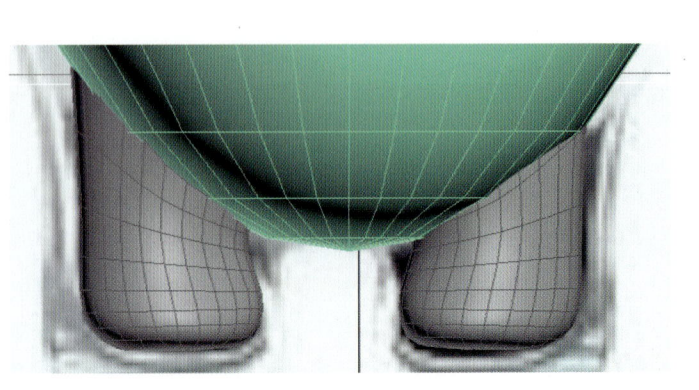　　　　　　图 3-147

（13）制作耳朵。画线，描出耳朵轮廓，如图 3-148 所示。

（14）选线，为其添加"挤出"修改器，将"数量"设置为 10.0 mm，透视图观察效果，参数设置如图 3-149 所示。

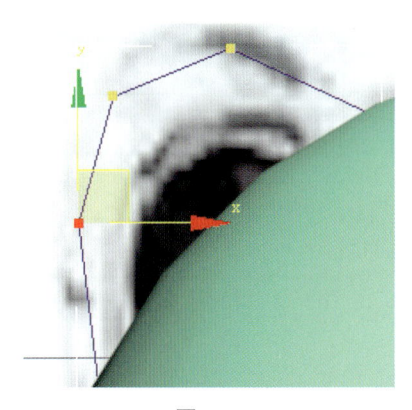

图 3-148 　　　　图 3-149

（15）将耳朵转换为可编辑多边形，选中耳朵后部的面，倒角的参数设置如图 3-150 所示，将耳朵厚度制作出来。

（16）选择耳朵前面的面，应用"插入"命令，如图 3-151 所示。

图 3-150 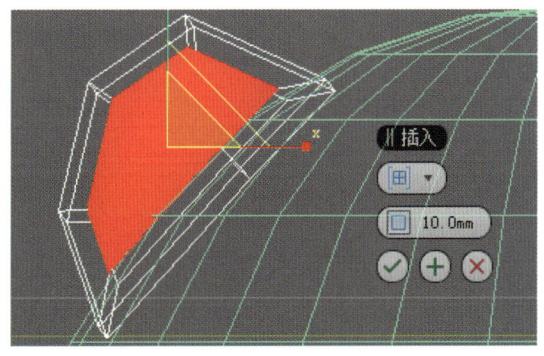　　　　图 3-151

（17）对插入后的面使用"挤出"命令，并在挤出后略微缩小面，如图 3-152、图 3-153 所示。

（18）为耳朵造型添加"网格平滑"，如图 3-154 所示。

图 3-152 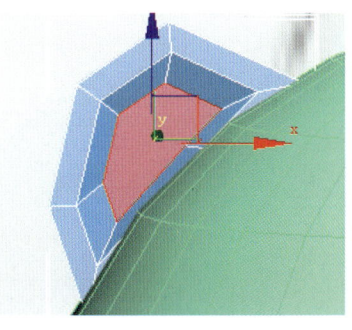　　　　图 3-153 　　　　图 3-154

（19）使用"镜像"命令，将另一侧耳朵复制出来。适当调整位置，如图 3-155 所示。

（20）全选模型复制一份，保存留底，如图 3-156 所示。

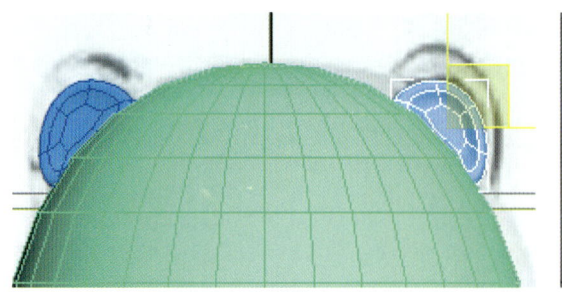

图 3-155 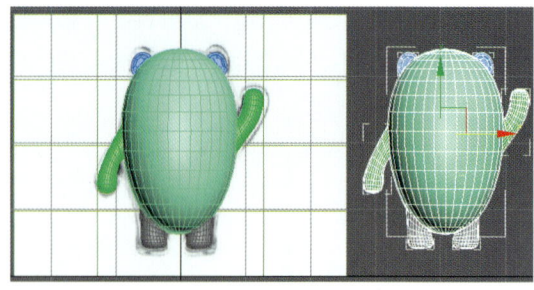　　　　　　　　　　　　　　　图 3-156

（21）选中身体，转换为可编辑多边形，执行"编辑几何体"中"附加"命令，将四肢和耳朵合并身体为一个整体，如图 3-157 所示。

三、材质制作（身体）

（1）选中模型，添加"UVW 展开"修改器。打开 UW 纹理编辑器，我们可以看出模型展开 UV 后 UV 线都叠加到一起，要方便后续贴图，需先使用选择工具将其分开。再执行菜单栏工具→"法线贴图"命令。至此，UV 展平，如图 3-158 所示。

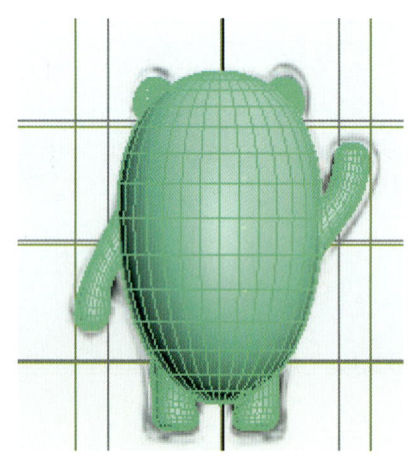

图 3-157 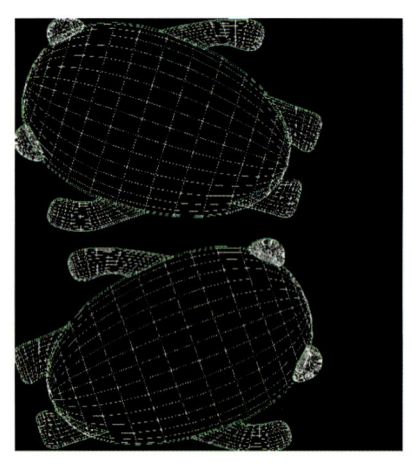　　　　　　　　　　　　　　　图 3-158

（2）将调整好的 UV 保存下来。执行菜单栏工具→"渲染 UVW 模板"→渲染 UV 模板命令，在弹出的保存面板中修改文件类型，保存为 Photoshop 可打开的 .jpg 格式，如图 3-159 所示。

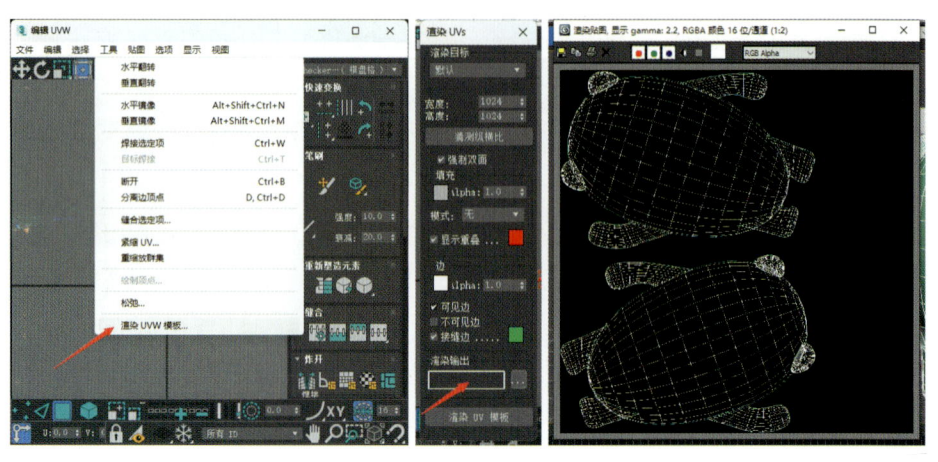

图 3-159

（3）用 Photoshop 打开保存好的 UV 纹理，使用课本中冰墩墩贴图素材为其设置贴图，如图 3-160 所示。

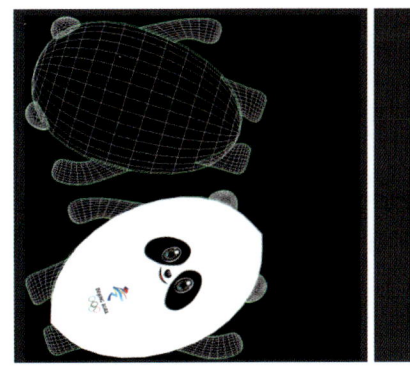

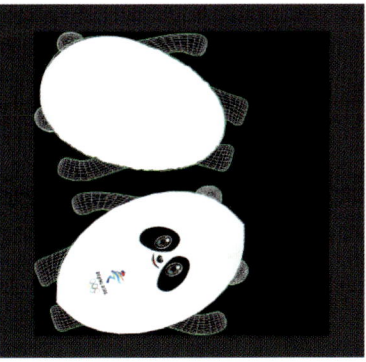

图 3-160

（4）为模型添加材质，在漫反射上添加文件贴图，将材质附给模型。在背景位置新建平面，为其添加一个简单的环境，设置平面材质为白色，渲染观察效果，如图 3-161 所示。

四、模型制作（外壳）

（1）制作外壳。将模型整体复制一份，移动到示例图后侧（避免遮挡）使用二维图形椭圆绘制挖洞线，如图 3-162 所示。

（2）将椭圆转换为"可编辑样条线"，进入点层级进一步调整造型，使其与背景重合，如图 3-163 所示。

图 3-161　　　　图 3-162　　　　图 3-163

（3）选中复制出的模型进行挖洞，执行"创建"面板→"几何体"→"复合对象"→"图形合并"命令，利用图形合并操作进行映射洞口线：选中身体模型，执行"图形合并"命令，然后单击"拾取图形"按钮后，单击椭圆形线，如图 3-164 所示。

（4）将外壳模型转换为"可编辑多边形"，进入多边形层级，选中洞口面并将其删除，如图 3-165 所示。

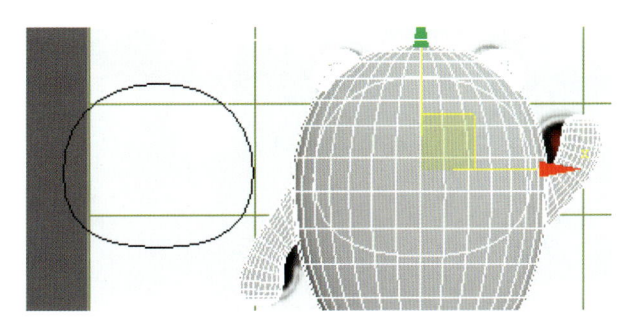

图 3-164

（5）为模型添加"壳"修改器，将"壳"厚度设置为 25.0 mm，如图 3-166 所示。

（6）为模型添加"网格平滑"修改器。细分方法选择 NURMS，如图 3-167、图 3-168 所示。

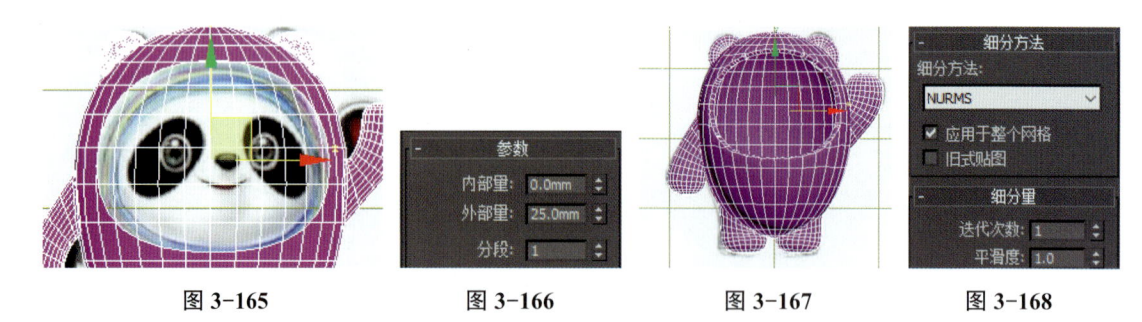

图 3-165　　　　图 3-166　　　　图 3-167　　　　图 3-168

（7）为使洞口边缘更加圆滑，将模型回到多边形顶点层级，将边线上多余的点移除（未有线连接的点）。效果如图 3-169 所示。调整后效果如图 3-170 所示。

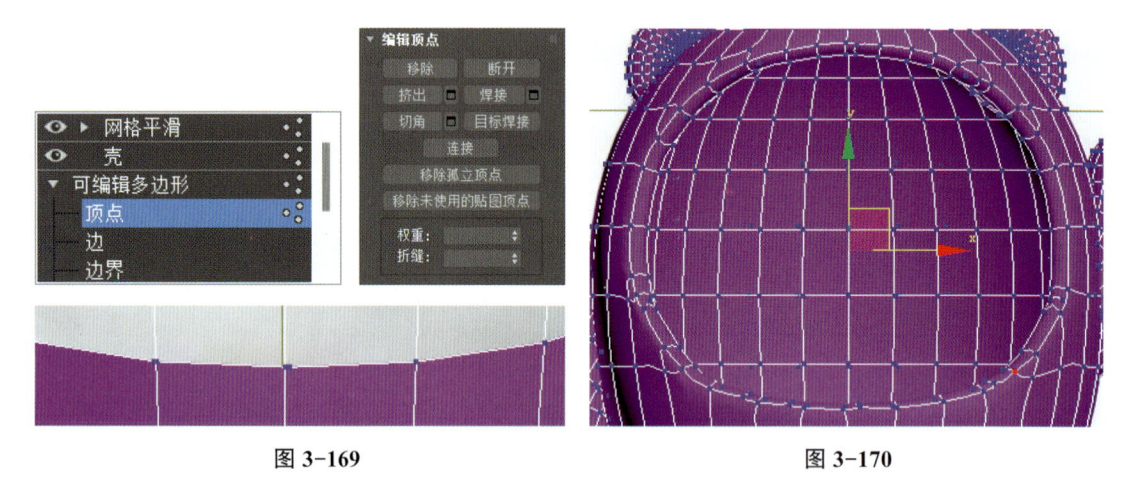

图 3-169　　　　　　　　　　　　　　图 3-170

（8）将外壳和身体匹配到一起，设置简单材质观察效果，如图 3-171 所示。

（9）制作洞口渐变材质效果。将外壳模型关闭"网格平滑"，在壳的基础上转换为"可编辑多边形"，选中洞口环行线，连接两条循环线，如图 3-172、图 3-173 所示。

图 3-171　　　　　　图 3-172　　　　　　图 3-173

使用"移动"工具将线向外移动，并进行适当缩放。将洞口边缘制作出来，如图 3-174 所示。

（10）选中外圈一圈线，再次连接一条循环线（设置多圈渐变效果），如图 3-175 所示。

（11）选中不同圈面设置材质 ID 号，如图 3-176、图 3-177 所示。

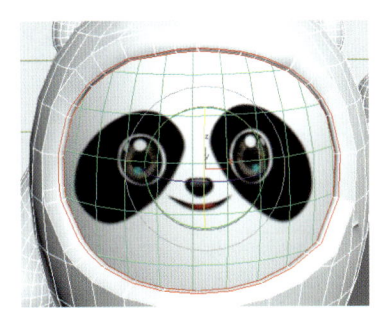

图 3-174 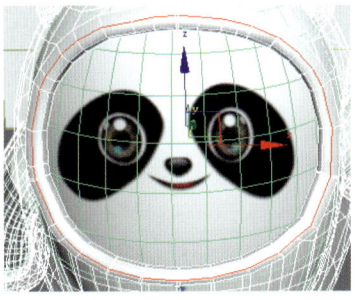　　　　　　　图 3-175 　　　　　　　图 3-176 　　　　　　　图 3-177

五、材质制作（外壳）

（1）打开材质编辑器，将标准材质切换为"多维/子对象"材质，将"材质数量"设置为5，如图 3-178 所示。

（2）将材质1、2设置为塑料材质，材质3、4、5设置为渐变材质，渐变材质漫反射添加渐变贴图，设置渐变颜色，渐变方式设置为径向，如图 3-179、图 3-180 所示。

图 3-178

图 3-179 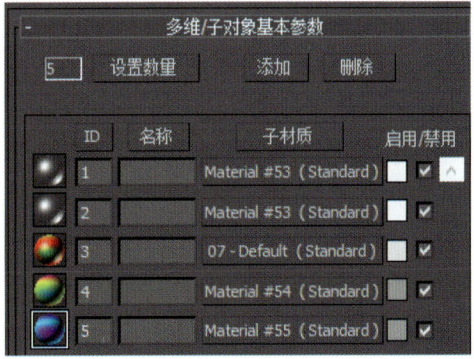　　　　　　　　　　　　　　图 3-180

（3）透视图渲染效果，如图 3-181 所示。

（4）添加环境。在前视图、顶视图、右视图分别创建一个平面，并为其添加白色材质。最终渲染效果如图 3-182 所示。

图 3-181 　　　　　　　　　　　　　　图 3-182

六、举一反三

运用相关角色建模方法制作雪容融模型,如图 3-183 所示。

图 3-183

※ 课后拓展

使用"展开 UVW"基本工具

(1)将修改器和纹理材质(通常包含基于图像或图案的漫反射贴图)应用于对象。设置将在视口中显示的材质,至少设置一个要进行明暗处理的视口(例如,按 F3 键在线框和明暗处理模式之间切换),然后根据需要为该视口禁用"明暗处理选定面"(按 F2 键),使纹理贴图可见。

(2)转到"展开"修改器的"多边形"子对象层级,并选择一组相邻的多边形。在此选择集上只应用一种贴图类型。

(3)在"投影"卷展栏中,单击适当的贴图类型按钮(如"平面贴图""长方体贴图"等),然后使用视口中的变换工具("移动""旋转""缩放")和"投影"卷展栏上的"对齐选项"工具("对齐到 X"等)的任意组合来调整 Gizmo,如图 3-184 所示。

(4)"投影"卷展栏上的贴图选项(顶行)从左到右依次为:平面、圆柱体、球体和长方体(提示:要将贴图重置为默认设置,请单击"最佳对齐"按钮)。

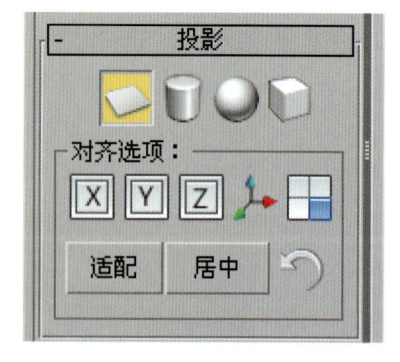

图 3-184

(5)每次调整贴图 Gizmo 时,显示在视口中的纹理将随之更新,以反映贴图的变化。也可以打开编辑器("编辑 UV"卷展栏→打开"UV 编辑器")来查看在调整 Gizmo 过程中生成的纹理坐标的变化。

要退出此多边形选择的贴图操作,请再次单击贴图类型按钮。

继续选择并命名选择集,应用贴图直到整个网格完成贴图。使用绿色接缝显示线作为基准。如果没有看到这些工具和按钮,请确保启用"配置"卷展栏"显示组"中的"贴图接缝"。

第二篇
动画制作篇

PROJECT FOUR

项目四　基础动画制作

项目情境

三维动画技术是近年来产生和发展的新兴技术，它广泛应用于影视、动画、游戏、广告、虚拟现实中。3ds Max 为用户提供了一套非常强大的动画系统，在制作动画时要抓住运动的"灵魂"才能制作出生动逼真的动画作品。

本项目通过弹跳的皮球、《新闻联播》片头、卷轴动画 3 个任务，让学习者循序渐进地学习关键帧动画、修改器动画等基础动画的制作方法，实训任务涵盖了动画原理、时间配置、创建动画的方法、动画的渲染输出、轨迹视图的应用等相关知识。学生通过任务的实施能够掌握三维动画制作的基本流程及方法。

学习目标

★知识目标：

1. 了解三维动画制作的基本流程。
2. 掌握动画制作基础知识。
3. 掌握关键帧动画及修改器动画的设置方法。

★能力目标：

1. 能够使用自动关键帧和设置关键帧两种方式制作关键帧动画。
2. 能够熟练运用轨迹视图。
3. 能够运用修改器制作不同动画效果。

★素质目标：

1. 培养运用 3ds Max 进行动画制作的基本能力。
2. 培养的独立思考能力及细致观察能力。

职业技能

1. Autodesk 3ds Max 产品专员：3ds Max 基础动画技术（7%）；3ds Max 摄影机（2%）。

2. ACAA 认证三维模型师：模型动画测试（2%）；模型导入与导出（2%）；动画基础（2%）；动画设置（2%）；轨迹视图（2%）；约束动画制作（1%）。

实训任务一　弹跳的皮球动画制作

任务清单 1　弹跳的皮球动画制作

项目名称	任务清单内容
任务导入	球有很多种类，如乒乓球、足球、篮球、排球等，开展球类运动不但可以提高身体素质和应变能力，还能够提升团队合作精神。那么你有没有仔细观察过不同球类的运动规律呢？本案例将运用 3ds Max 软件完成图 4-1 所示的弹跳的皮球动画制作，制作过程将运用动画运动规律，由浅入深，制作一段完整的三维动画。 图 4-1
任务目标	1. 熟悉 3ds Max 软件中的三维动画制作流程。 2. 掌握 3ds Max 软件中自动关键点相关操作。 3. 掌握 3ds Max 软件中轨迹视图相关操作。 4. 掌握 3ds Max 中动画渲染、输出等基本操作。 5. 培养制作三维动画的观念和意识
工作标准	1. 动画流畅自然。 2. 动画符合物体运动规律。 3. 制作材质和背景及摄影机构图合理、美观
任务思考	1. 简述 3ds Max 关键帧动画设置方法。 2. 动画的渲染输出需要注意哪些参数的设置

	评价标准	自我评价	学生互评	教师评价	企业评价
任务评价	动画流畅自然（60 分）				
	动画符合物体运动规律（30 分）				
	摄影机构图合理（10 分）				
	总评（权重后综合得分）				

视频：弹跳的皮球动画制作

※ 课前学习——知识准备

一、动画原理和视频制式

　　动画的原理基于人眼的视觉暂留效果。人的眼睛看到一幅画或一个物体后，在 0.34 s 内不会消失。利用这一原理，在一幅画还没有消失前播放下一幅画，就会给人造成一种流畅的视觉变化效果。如果在一定时间内观看一系列连续的静止图片，我们就会感觉它们是连续的运动，这就是动画，而每一幅静止图片就是一帧。

　　目前，应用较广的视频制式主要是 PAL 制式和 NTSC 制式，我国和欧洲使用 PAL 制式（每秒 25 帧），美国和日本使用 NTSC 制式（每秒 30 帧），在制作动画时，我们一般设置为 PAL 制式。

二、动画的时间配置

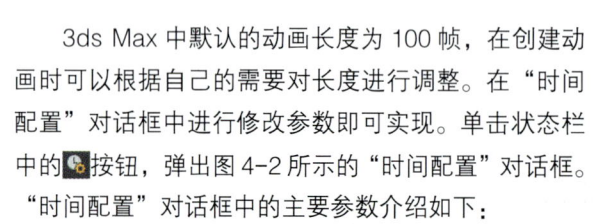

　　3ds Max 中默认的动画长度为 100 帧，在创建动画时可以根据自己的需要对长度进行调整。在"时间配置"对话框中进行修改参数即可实现。单击状态栏中的 按钮，弹出图 4-2 所示的"时间配置"对话框。"时间配置"对话框中的主要参数介绍如下：

　　"帧速率"选项组中有"NTSC""电影（每秒 24 帧）""PAL"和"自定义"4 个选项按钮，可在每秒帧数（FPS）字段中设置帧速率。前 3 个按钮可以强制使用 FPS，使用"自定义"按钮可以通过调整微调器来指定自己的 FPS。

　　"时间显示"选项组：指定在时间滑块及整个程序中显示时间的方法。

　　仅活动视口：可以使播放只在活动视口中进行。如果未选中该选项，所有视口都将显示动画。

　　循环：选择该选项将使动画反复循环播放。在启用"循环"之前，必须禁用"实时"。

　　方向：将动画设置为向前播放、向后播放或往复播放，可以在下方选项中进行选择。该选项只影响在

图 4-2

交互式渲染器中的播放，并不适用于渲染到任何图像输出文件的情况，只有禁用"实时"后才可以使用这些选项。

　　开始时间：设置动画的开始时间。

　　结束时间：设置动画的结束时间。

三、关键帧动画

　　在 3ds Max 中可以为想要的对象设置变换的参数来创建动画，也可以创建关键帧来完成动画。动画的制作工作量是极大的，通常 1 分钟的动画大概需要 720~1 800 个单独的图像，如果使用传统动画来制作，一部动画将需要几百位动画师创建原画，制作过程中会浪费大量的时间、物力和财

力。而使用创建关键帧的方式创建动画，在三维软件中将第一帧、关键帧和最后一帧制作出来，中间帧会由三维软件自动生成，因此在创建过程更快捷，更有效率。

四、创建简单关键帧动画的方法

1. "自动关键点"模式

单击"自动关键点"按钮就可以打开"自动关键点"模式开始创建动画，此时系统会根据时间滑块所处位置不同，将对象的编辑和修改都记录为关键帧（移动、旋转、缩放或修改器的某个数值变化等），从而生成动画效果。该动画模式的优点是方便快捷，创建的关键点还可以进行移动、删除等操作。利用"自动关键点"模式设置动画的步骤如下：

（1）单击"自动关键点"按钮启用"自动关键点"模式，此时，"自动关键点"按钮、时间滑块，以及活动视图周围的高亮边界均变为红色，如图4-3所示。

图 4-3

（2）将时间滑块拖动到不为0的时间上。

（3）进行变换操作，可以利用移动、旋转、缩放变换对象或更改对象的相关参数，变换操作将会被自动记录。记录移动操作的关键帧颜色为红色，记录旋转操作的关键帧颜色为绿色，记录缩放操作的关键帧颜色为蓝色。

（4）完成操作后，单击"自动关键点"按钮，退出"自动关键点"模式。

下列操作可以使用"自动关键点"模式记录圆柱体的变换过程：

（1）执行"创建"面板→"几何体"→"圆柱体"命令，在顶视图创建一个圆柱体。

（2）选中圆柱体，单击进入"修改"面板，勾选"启用切片"复选框，设置"切片起始位置"的数值为0.1。

（3）单击"自动关键点"按钮，将时间滑块拖动至100帧处，设置"切片起始位置"数值为360.0，切片参数如图4-4所示。

（4）单击"自动关键点"按钮，退出动画设置，单击"播放动画"按钮，可以预览圆柱体的变换动画。

图 4-4

2. "设置关键点"模式

在"设置关键点"模式下，需要手动设置每一个关键点，该动画模式的优点在于可以精确地控制动画动作的形态。利用"设置关键点"模式设置动画的步骤如下：

（1）单击"设置关键点"按钮，启用"设置关键点"模式。

（2）选择要设置关键帧的对象，然后打开"曲线编辑器"或"摄影表"。

（3）在"轨迹视图"工具栏上单击"显示可设置关键点图标"按钮，然后在控制器窗口中使用可设置关键点图标来确定要设置关键点的轨迹。

（4）单击"关键点过滤器"按钮，然后启用"过滤器"以选择要设置关键帧的轨迹，在默认的情况下，位置、旋转和缩放都处于启用状态。

（5）移动时间滑块至时间线上的另一点，然后在命令面板中变换对象或者更改参数以创建动画。在此过程中是不会创建关键帧的，设置完成后需要单击按钮设置关键点（快捷键为K），否则将不会创建关键点记录动画。

五、播放、预览和渲染动画

1. 播放动画

除通过拖曳时间滑块来观察动画外，还可以使用视图下面的"动画控制区"播放和查看动画效果。"动画控制区"如图 4-5 所示。

图 4-5

2. 快速预览动画

为了更好地观察和编辑动画，如果在场景中不能准确地判断动画的速度，可以将动画生成预览动画，预览动画在渲染时不会考虑模型的材质和灯光效果，可以快速观察到动画结果。快速生成预览可以通过执行菜单栏中的"工具"→"抓取视口"→"生成动画序列文件"命令，打开的"生成预览"对话框进行设置，如图 4-6 所示。

3. 渲染动画

预览动画在渲染时以草图方式显示，因此，看不到灯光、材质等效果。通过渲染动画操作可以生成单帧或一系列的动画图像。

动画设置完毕后，渲染动画的操作步骤如下：

（1）激活要进行渲染的视口，单击主工具栏上"渲染设置"按钮，弹出"渲染设置：默认扫描线渲染器"对话框，如图 4-7 所示。

图 4-6

图 4-7

（2）在"公用"选项卡下的"时间输出"选项组中设置时间范围。
（3）在"输出大小"选项组中设置其他渲染参数或使用默认参数。
（4）在"渲染输出"选项组中，单击"文件"按钮，将弹出"渲染输出文件"对话框。
（5）在"渲染输出文件"对话框中设置动画文件的名称和类型，然后单击"保存"按钮。
（6）在"渲染场景"对话框中单击"渲染"按钮，开始渲染过程，当渲染完毕后，就可以在指定的路径播放动画。

六、轨迹视图－曲线编辑器、摄影表

轨迹视图是编辑动画的主要工作区域，在轨迹视图中，可以显示场景中所有对象及它们的参数列表、相应的动画关键帧。用户可以重新设置所有的动画关键帧，添加各种动画效果，还可以利用轨迹视图改变对象关键帧范围之外的运动特征，从而产生重复运动。

轨迹视图提供两种不同的模式，即"曲线编辑器"和"摄影表"。"曲线编辑器"模式可以将动画显示为功能曲线。"摄影表"模式可以将动画显示为关键点和范围的电子表格。

1. 打开轨迹视图方法

单击主工具栏上 按钮或执行菜单"图表编辑器"→"轨迹视图"→"曲线编辑器"命令都可以打开"轨迹视图－曲线编辑器"模式。（或执行"图表编辑器"→"轨迹视图"→"摄影表"命令，打开"轨迹视图－摄影表"模式。）

2. 轨迹视图主要工具

下面以一小球沿 X 轴向前移动的位移动画为例来介绍轨迹视图中动画功能曲线工具及命令的使用，首先在场景中创建一个球体，为其指定一段位移动画，然后打开"轨迹视图－曲线编辑器"窗口，如图 4-8 所示。

在视图中可以看到红、绿、蓝 3 条线段，分别代表了对象在 X、Y、Z 轴上的位置变化，可以看到在 Y、Z 轴只有两条平行的直线，这说明对象在这两个轴上位置没有发生变化。而红色的 X 轴是一条类似 S 形的曲线，这是系统默认的自动曲线类型。

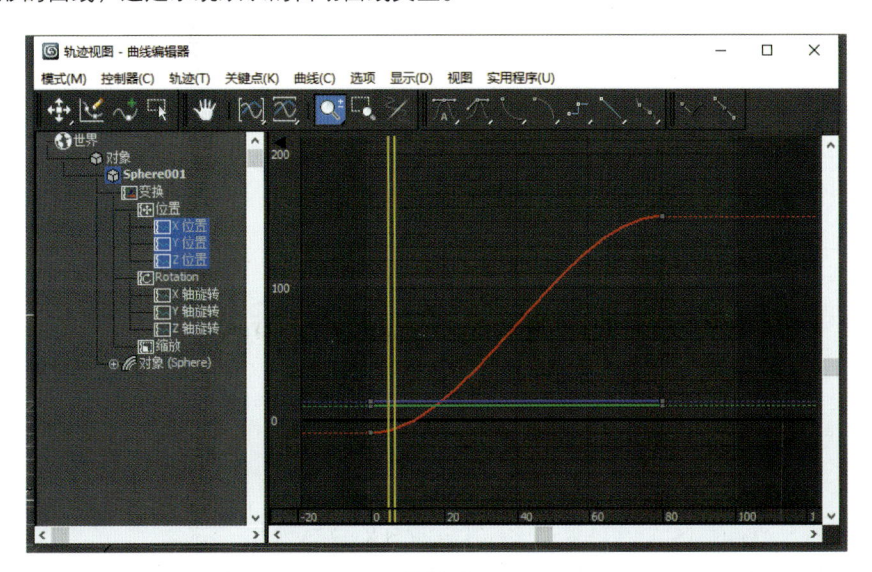

图 4-8

"关键点切线"工具 ：用户可以使用"关键点切线"工具改变曲线类型。3ds Max 为用户提供的一些曲线类型说明见表 4-1。

表 4-1　曲线类型说明

按　钮	说　　明
	这是默认的自定义曲线类型，以这种曲线类型运动的物体在场景中先加速，再保持匀速，然后以减速的方式运动
	这是自定义曲线类型，这种曲线可以分别设置关键帧的出点和入点
	这是加速曲线类型，当关键帧设置成这样时，物体就以加速方式在场景中运动
	这是减速曲线类型，当关键帧设置成这样时，物体就以减速方式在场景中运动
	这是一种没有过渡变化的直线型曲线，这种类型在动画制作中数值在很短的时间内出现较大变化时会用到
	这是直线型曲线，当关键帧设置成这样，物体在场景中以匀速方式运动
	这是光滑曲线，选择这种曲线类型，运动曲线会变成这种自动光滑的曲线，曲线曲度不可调节

用户可以在轨迹视图中选择红色的 X 轴上的任一关键点，单击鼠标右键，弹出图 4-9 所示的对话框。在这里可以对曲线进行调节，表 4-1 所介绍的各种曲线类型方式都有，单击红框里的曲线类型不放，可以任意选择所需要的曲线类型进行动画调节。

3. 运动循环

在 3ds Max 中可以设置动画的循环运动，该功能对于一些规律性动作进行设置时非常有效，如小球的弹跳、钟摆跳动、风扇转动等动作。在轨迹视图中通过对整条曲线进行调节，可以使对象运动永远循环。这将涉及参数曲线超出范围的问题，需要通过"参数曲线超出范围类型"指定对象在超出所定义的关键点范围后的行为。在轨迹视图中选择动画曲线，单击"曲线"工具栏上的"参数曲线超出范围类型"按钮，将弹出图 4-10 所示的"参数曲线超出范围类型"对话框，可以根据需要的动画效果来选择范围类型。

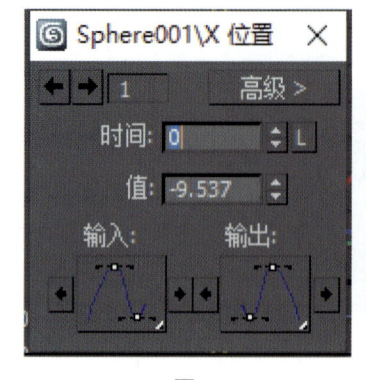

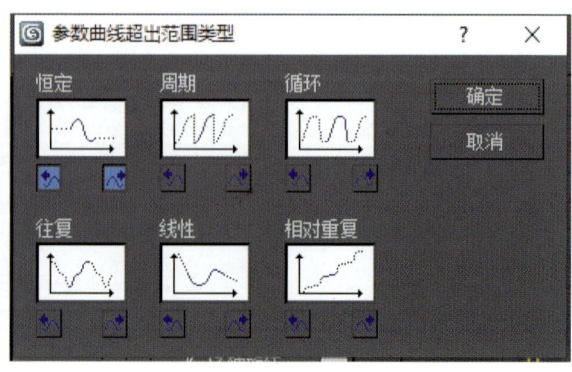

图 4-9　　　　　　图 4-10

"恒定"选项：在所有帧范围内保留末端关键点的值。如果想要在范围的起始关键点之前或结束关键点之后不再使用动画效果,可以使用"恒定"。"恒定"是默认的超出范围类型。

"周期"选项:在一个范围内重复相同的动画。如果起始关键点和结束关键点的值不同,动画会从结束帧到起始帧显示出一个突然的"跳跃"效果。如果想要重复一个动画但是不需要匹配末端,可以使用"周期"。

"循环"选项:在一个范围内重复相同的动画,但是会在范围内的结束帧和起始帧之间进行插值来创建平滑的循环。如果初始和结束关键点同时位于范围的末端,循环实际上会与周期类似。如果使用"位置范围"来扩展范围栏超出关键点,附加的长度会确定在结束帧和起始帧之间用于插值的时间量。

"往复"选项:在动画重复范围内切换向前或是向后。在想要动画切换向前或向后时,使用"往复"。

"线性"选项:在范围末端沿着切线到功能曲线来计算动画的值。如果想要动画以恒定速度进入和离开指定范围,可以使用"线性"。

"相对重复"选项:在一个范围内重复相同的动画,但是每个重复会根据范围末端的值有一个偏移。

※ 课中实训——任务解析

一、实训指导

模型为标准基本体球体;使用"自动关键点"模式制作动画,通过轨迹视图("曲线编辑器"和"摄影表")调整物体运动规律,设置循环动画和缩放动画。

图 4-11

二、模型制作

(1)制作场景模型。启动 3ds Max 软件。执行命令面板上的"创建"→"几何体"→"平面"命令,在顶视图创建一个平面作为地面,设置参数如图 4-11 所示。

(2)执行命令面板上的"创建"→"几何体"→"球体"命令,在顶视图创建一个球体,放置在地面上,设置参数如图 4-12 所示。

(3)把透视图调整到合适的位置,然后按 Ctrl+C 组合键快速创建一个摄影机,并把视图转换为摄影机视图,如图 4-13 所示。

图 4-12

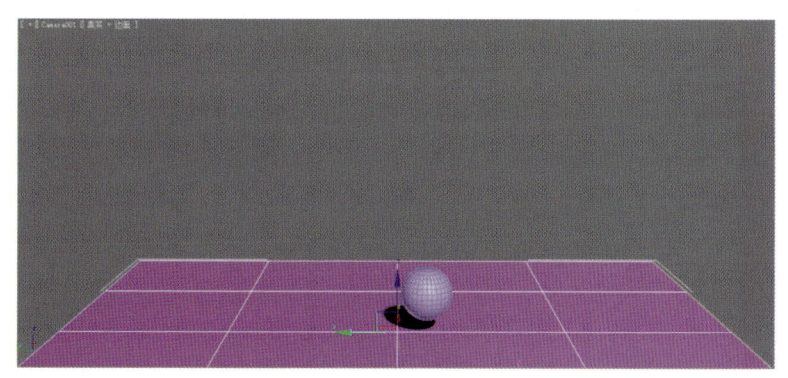

图 4-13

三、动画制作

（1）制作小球上下运动动画。激活"自动关键点"按钮，将时间滑块拖到第 0 帧，在左视图中将小球向上移动大约 150 个单位；将时间滑块拖到第 10 帧，在左视图中将小球向下移动大约 150 个单位，关闭"自动关键点"按钮，如图 4-14 所示。

（2）选择时间线上的第 0 帧，按住 Shift 键，将第 0 帧复制到第 20 帧，此时小球已经是一个完整的上下运动过程。

（3）制作小球上下循环运动动画。选择小球，单击主工具栏上"曲线编辑器"按钮，弹出"轨迹视图 - 曲线编辑器"窗口，如图 4-15 所示。

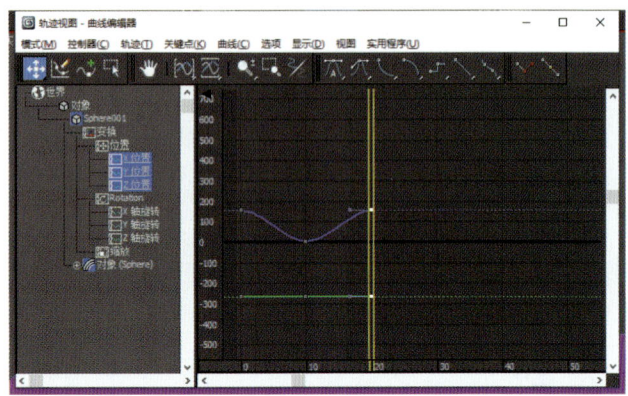

图 4-14　　　　　　　　　　　　　图 4-15

（4）在"轨迹视图 - 曲线编辑器"窗口中，单击工具栏上的"参数曲线超出范围"按钮，弹出图 4-10 所示的"参数曲线超出范围类型"对话框，从中选择"循环"选项。此时小球运动为循环运动，轨迹视图如图 4-16 所示。

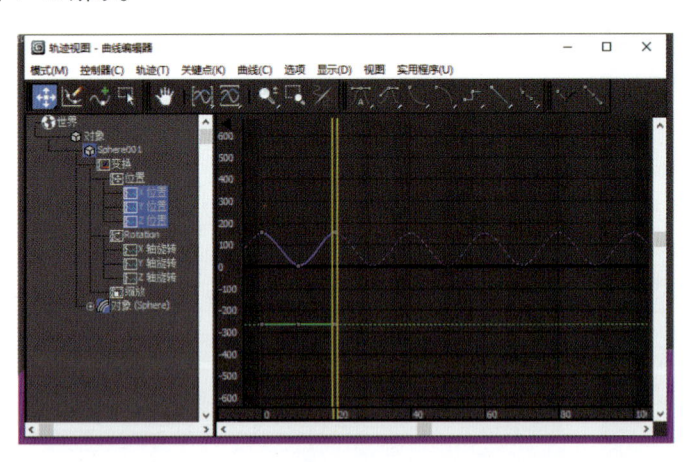

图 4-16

（5）制作小球向下做加速运动，向上做减速运动。在轨迹视图中选择第 10 帧，单击鼠标右键，在弹出的对话框中设置如图 4-17 所示。此时完成了小球向下加速，向上减速的循环运动，轨迹视图如图 4-18 所示。

（6）制作小球与地面接触时的挤压动画。激活"自动关键点"按钮，将时间滑块拖到第 10 帧，然后单击主工具栏上的"百分比捕捉切换"按钮，再单击"挤压"按钮，在前视图中对小球进行挤压，挤压参数如图 4-19 所示。

项目四　基础动画制作　113

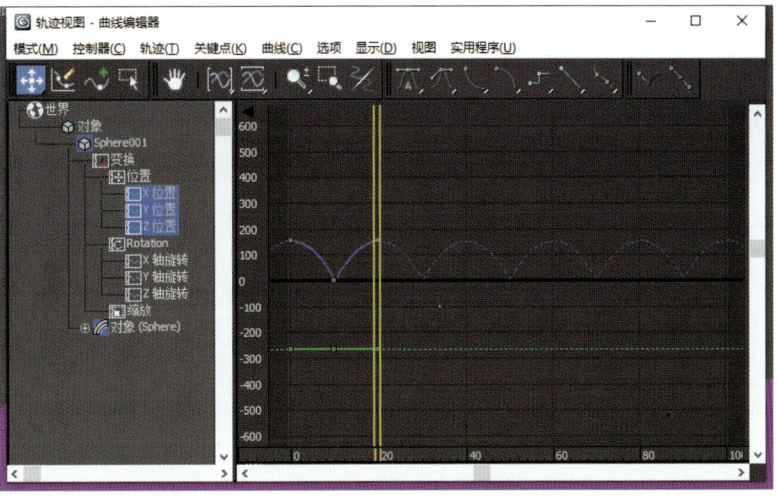

图 4-17

图 4-18

图 4-19

（7）选择小球，执行"图形编辑器"→"轨迹视图"→"摄影表"命令，弹出"轨迹视图 - 摄影表"窗口。选择"缩放"选项的第 1 帧，按住 Shift 键，将第 1 帧复制到第 20 帧，如图 4-20 所示。

（8）此时预览会发现小球向下运动时开始挤压变形，向上运动时开始恢复原状，这是不正确的。为了解决这个问题，可以将第 1 帧复制到第 8 帧和第 12 帧，如图 4-21 所示，使小球只在第 8~12 帧发生变形。

图 4-20

图 4-21

（9）此时小球在第 8~12 帧发生变形的同时还在运动，这也是不正确的，为此可以将位置下的 Z 位置中的第 10 帧复制到第 8 帧和第 12 帧，如图 4-22 所示。

（10）至此，整个小球弹跳动画制作完毕，但是预览会发现小球挤压动画不能够循环，解决这个问题的方法是打开"轨迹视图 - 曲线编辑器"窗口，在左侧列表选择"缩放"选项，然后单击工具栏上的"参数曲线超出范围类型"按钮，弹出"参数曲线超出范围类型"对话框，从中选择"循环"选项。此时小球挤压运动为循环运动，轨迹视图如图 4-23 所示。

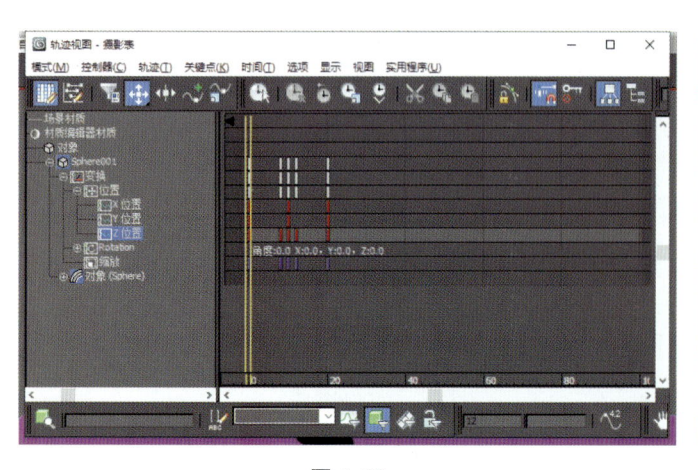

图 4-22 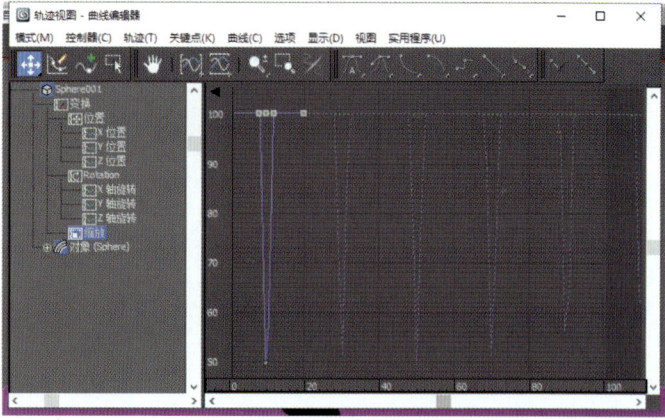　　　　　　　　　　　　　　　　　图 4-23

四、材质制作

（1）为小球、地面设置材质，并设置环境。

（2）至此，整个动画制作完成，渲染输出动画。单击主工具栏上的"渲染设置"按钮，弹出"渲染设置"窗口，将文件保存为"弹跳的皮球.avi"，然后单击"渲染"按钮，输出动画文件，动画效果如图 4-24、图 4-25 所示。

图 4-24 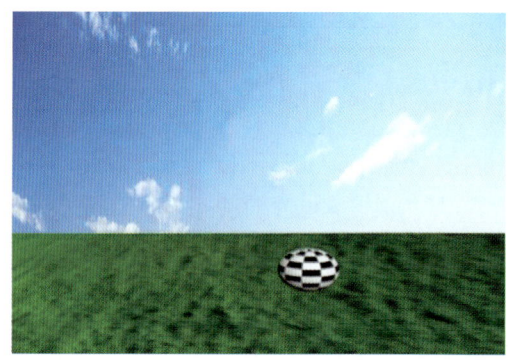　　　　　　　　　　　　　　　　　图 4-25

五、举一反三

根据所学运动规律的调整方法，制作钟摆动画。

※ 课后拓展

画面的构图

一切画面的基础都从构图开始，画面的构图将决定画面的整体效果是否完整和协调。构图的概念主要是指画面形式的选择、画面主体或中心的位置及背景的处理方法等。

在 3ds Max 中，可以通过两种方式进行构图：

（1）通过摄影机位置和拍摄视角来控制场景内容，常见的有三角形构图和平衡稳定构图，这类构图方式的重点在于图像的内容。三角形构图时，左右重量比较均衡，在 3 条边上，都应该有对象，但是前景一般是在最下面的横边上，而主体和衬景可以在两条斜边的任意一条上，而平衡稳定构图的原理是画面端正、左右重量对等。

（2）通过图像的形状来进行构图，包括横向构图、纵向构图和方形构图。当空间造型的水平方向比较宽敞，主体的纵向又不是太高的时候，一般采用横向构图，让画面舒展平稳；对于一些小空间，可以采用接近方形的构图形式，以体现温和、亲切的气氛；对于竖向空间，大多采取竖向构图，以强调空间的高耸纵深感。构图方式可以通过图像的纵横比来实现，进行图像的纵横比设置时，可以按F10键打开"渲染设置"对话框，然后在"公用"选项卡下展开"公用参数"卷展栏，接着在"图像纵横比"选项后面输入想要的纵横比例即可。

实训任务二　《新闻联播》片头动画制作

任务清单 2　《新闻联播》片头动画制作

项目名称	任务清单内容
任务导入	《新闻联播》是中央电视台综合频道推出的晚间新闻节目，自1978年首播以来，至今已经有44个年头。我们在新闻中了解国内外时事、感受祖国各领域的进步和人民大众的精神面貌，而《新闻联播》片头动画也是经典之一。本案例是在3ds Max中进行图4-26所示的简易的《新闻联播》片头动画制作，制作过程充满教育性和趣味性，动画效果庄重大气。 图 4-26
任务目标	1. 掌握透空贴图的制作方法。 2. 掌握动画约束中路径约束的制作方法。 3. 培养动画制作及细致观察能力
工作标准	1. 路径动画流畅自然，场景大气美观。 2. 摄影机构图合理，符合实际景别。 3. 背景和地球材质真实，画面协调
任务思考	1. 如何制作透空贴图？ 2. 简述路径约束动画的制作步骤
任务评价	评价标准｜自我评价｜学生互评｜教师评价｜企业评价 模型结构合理、美观（30分） 模型材质表现自然（20分） 动画流畅自然（50分） 总评（权重后综合得分）

※ 课前学习——知识准备

一、摄影机设置

1. 摄影机的概念

在 3ds Max 中，添加摄影机后，摄影机将从特定的观察点表现场景。摄影机对象模拟现实世界中的静止图像、运动图片或视频摄影机。

使用摄影机视口可以调整摄影机，就好像正在通过镜头进行观看。摄影机视口对于编辑几何体和设置渲染的场景非常有用。多个摄影机还可以提供相同场景的不同视图。

如果要设置观察点的动画，可以创建一个摄影机并设置其位置的动画，如飞过一个地形或走过一个建筑物。

2. 摄影机对象

由于 3ds Max 2018 自带 Arnold 渲染器，因此，3ds Max 2018 提供两类摄影机，分别是标准摄影机和 Arnold 摄影机，其中，标准摄影机中的目标摄影机和自由摄影机最常用，如图 4-27、图 4-28 所示。

图 4-27　　　　　　图 4-28

（1）目标摄影机：可以查看所放置的目标周围的区域，它比自由摄影机更容易定向，因为只需将目标对象定位在所需位置的中心即可。使用"目标"工具在场景中拖曳光标可以创建一台目标摄影机，可以观察到目标摄影机包含目标点和摄影机两个部件，如图 4-29 所示。

（2）自由摄影机：查看注视摄影机方向的区域，如图 4-30 所示。创建自由摄影机时，看到一个图标，该图标表示摄影机及其视野。摄影机图标与目标摄影机图标看起来相同，但是不存在要设置动画的单独的目标图标。当摄影机的位置沿一个路径被设置动画时，适合使用自由摄影机。

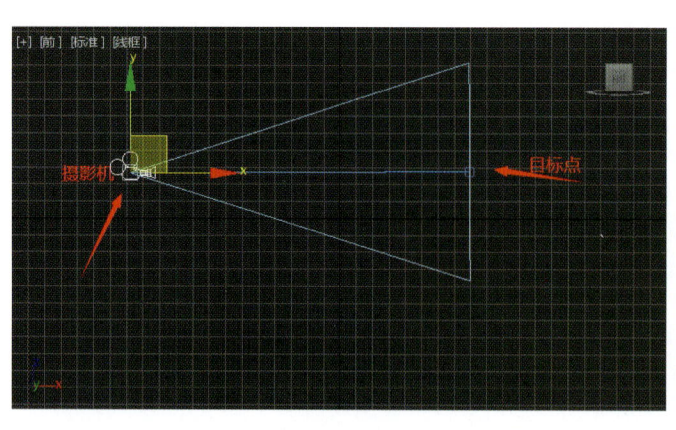

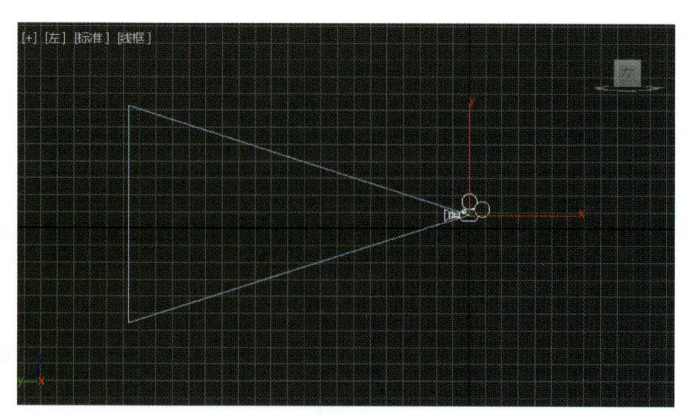

图 4-29　　　　　　图 4-30

3. 摄影机参数

（1）参数卷展栏参数介绍如图 4-31、图 4-32 所示。

图 4-31　　　　　　　　　图 4-32

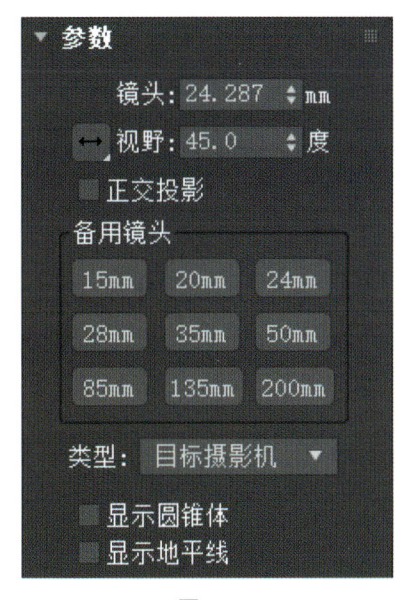

1）基本选项组。

镜头：以"mm"为单位来设置摄影机的焦距。

视野：设置摄影机查看区域的宽度视野，有水平、垂直和对角线 3 种方式。

正交投影：启用该选项后，摄影机视图为用户视图；关闭该选项后，摄影机视图为标准的透视图。

备用镜头：系统预置的摄影机焦距镜头包含 15 mm、20 mm、24 mm、28 mm、35 mm、50 mm、85 mm、135 mm 和 200 mm。

类型：切换摄影机的类型，包含"目标摄影机"和"自由摄影机"两种。

显示圆锥体：显示摄影机视野定义的锥形光线（实际上是一个四棱锥）。锥形光线出现在其他视口，但是显示在摄影机视口中。

显示地平线：在摄影机视图中的地平线上显示一条深灰色的线条（地平线）。

2）"环境范围"选项组。

显示：显示出在摄影机锥形光线内的矩形。

近距 / 远距范围：设置大气效果的近距范围和远距范围。

3）"剪切平面"选项组。

手动剪切：启用该选项可定义剪切的平面。

近距 / 远距剪切：设置近距和远距平面。对于摄影机，比"近距剪切"平面近或比"远距剪切"平面远的对象是不可见的。

4）"多过程效果"选项组。

启用：启用该选项后，可以预览渲染效果。

预览：单击该按钮可以在活动摄影机视图中预览效果。

多过程效果：共有"景深"和"运动模糊"2 个选项，系统默认为"景深"。

渲染每过程效果：启用该选项后，系统会将渲染效果应用于多重过滤效果的每个过程（"景深"或"运动模糊"）。

5）"目标距离"选项组。

目标距离：当使用"目标摄影机"时，该选项用来设置摄影机与其目标之间的距离。

（2）景深参数卷展栏参数介绍如图 4-33、图 4-34 所示。

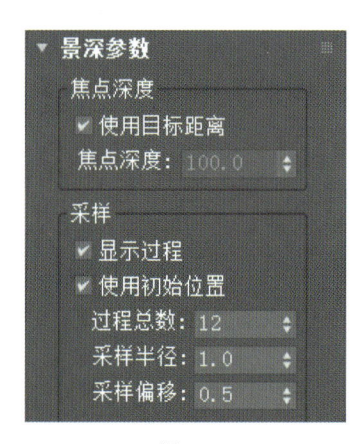

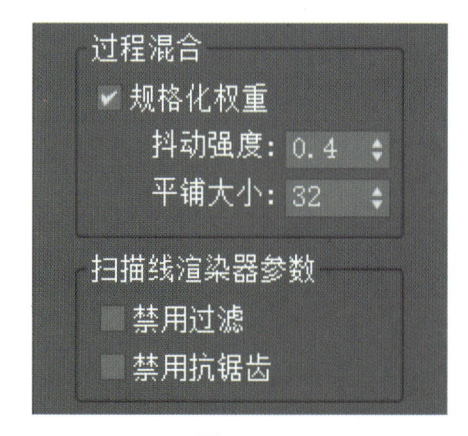

图 4-33

图 4-34

1）"焦点深度"选项组。

使用目标距离：启用该选项后，系统会将摄影机的目标距离用作每个过程偏移摄影机的点。

焦点深度：当取消勾选"使用目标距离"复选框时，该选项可以用来设置摄影机的偏移深度，其取值范围为 0~100。

2）"采样"选项组。

显示过程：启用该选项后，"渲染帧窗口"对话框中将显示多个渲染通道。

使用初始位置：启用该选项后，第 1 个渲染过程将位于摄影机的初始位置。

过程总数：设置生成景深效果的过程数。增大该值可以提高效果的真实度，但是会增加渲染时间。

采样半径：设置场景生成的模糊半径。数值越大，模糊效果越明显。

采样偏移：设置模糊靠近或远离"采样半径"的权重。增加该值将增加景深模糊的数量级，从而得到更均匀的景深效果。

3）"过程混合"选项组。

规格化权重：启用该选项后可以将权重规格化，以获得平滑的结果；当关闭该选项后，效果会变得更加清晰，但颗粒效果也更明显。

抖动强度：设置应用于渲染通道的抖动程度。增大该值会增加抖动量，并且会生成颗粒状效果，尤其在对象的边缘上最为明显。

平铺大小：设置图案的大小。0 表示以最小的方式进行平铺；100 表示以最大的方式进行平铺。

4）"扫描线渲染器参数"选项组。

禁用过滤：启用该选项后，系统将禁用过滤的整个过程。

禁用抗锯齿：启用该选项后，可以禁用抗锯齿功能。

4. 创建摄影机步骤

（1）创建摄影机并使其面向要成为场景中对象的几何体。要面向目标摄影机，则拖动目标使其位于摄影机观看的方向上；要面向自由摄影机，则应旋转和移动摄影机图标。

（2）选定一个摄影机，或如果场景中只存在一个摄影机，则可以激活视口，然后按键盘上的 C 键为该摄影机设置"摄影机"视口。如果存在多个摄影机并且已选定多个摄影机，则该软件将提示用户选择要使用的摄影机。

（3）鼠标右键单击视口标签，然后选择"视图"并选择摄影机，也可以更改为"摄影机"视口。

（4）使用"摄影机"视口的导航控件调整摄影机的位置、旋转和参数。只激活该视口，然后使用"平移""摇移"和"推位摄影机"按钮。另外，可以在另一个视口中选择摄影机组件并使用移动或旋转图标。

控制摄影机对象的显示：转到"显示"面板并在"按类别隐藏"卷展栏中勾选或取消勾选"摄影机"复选框，来显示或隐藏视图中的摄影机。

将摄影机与视口匹配：选择一个摄影机，激活"透视"视口，如果没有选定摄影机，3ds Max 将创建一个新目标摄影机，其视野与视口相匹配。如果首先选择摄影机，将移动摄影机与"透视"视图相匹配。3ds Max 也将视口更改为摄影机对象的摄影机视口，并使摄影机成为当前选定对象。

5. 光影魔方效果制作

下面使用目标摄影机制作光影魔方效果，其操作步骤如下：

（1）打开项目三实训任务 1 所制作完成的"魔方"单个模型，并在顶视图中创建一个平面，长度和宽度分别设置为 3 000 和 6 000。

（2）单击"灯光"按钮，进入系统默认的标准灯光创建面板，单击"目标聚光灯"按钮，在前视图创建一盏目标聚光灯，并调整其位置，如图 4-35 所示。

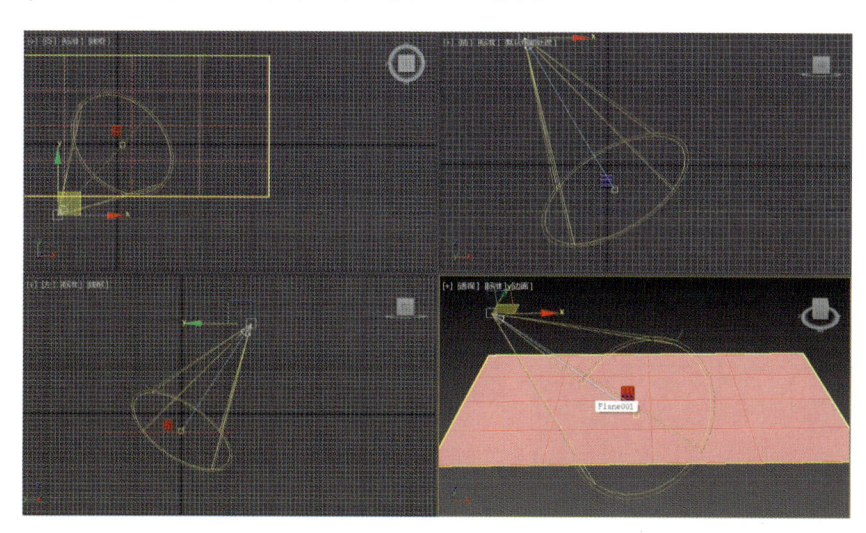

图 4-35

（3）单击"目标聚光灯"按钮，在前视图中创建另一个目标聚光灯，并调整其位置。如图 4-36 所示。

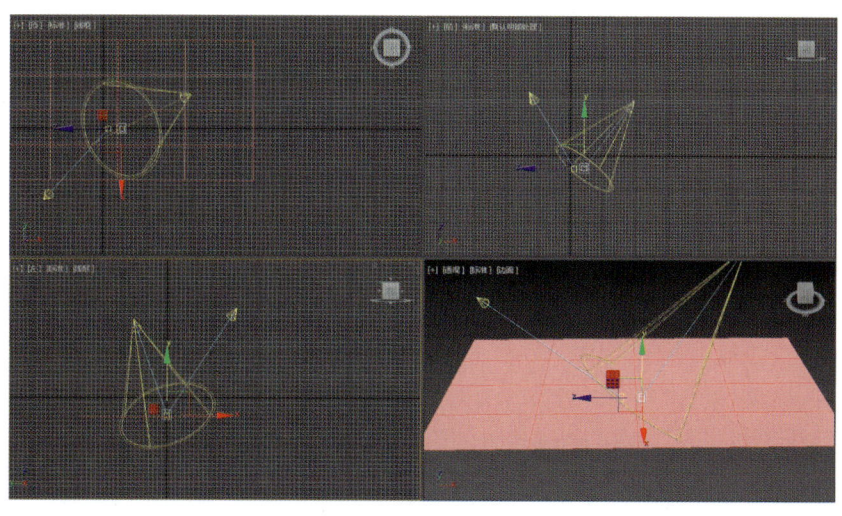

图 4-36

(4)单击"创建"按钮,进入"创建"面板,单击"摄影机"按钮,选择标准类别,单击"目标"按钮,在视图中创建一架目标摄影机。激活透视图,然后按 C 键将透视图转换为摄影机视图,调整摄像机位置,如图 4-37 所示。

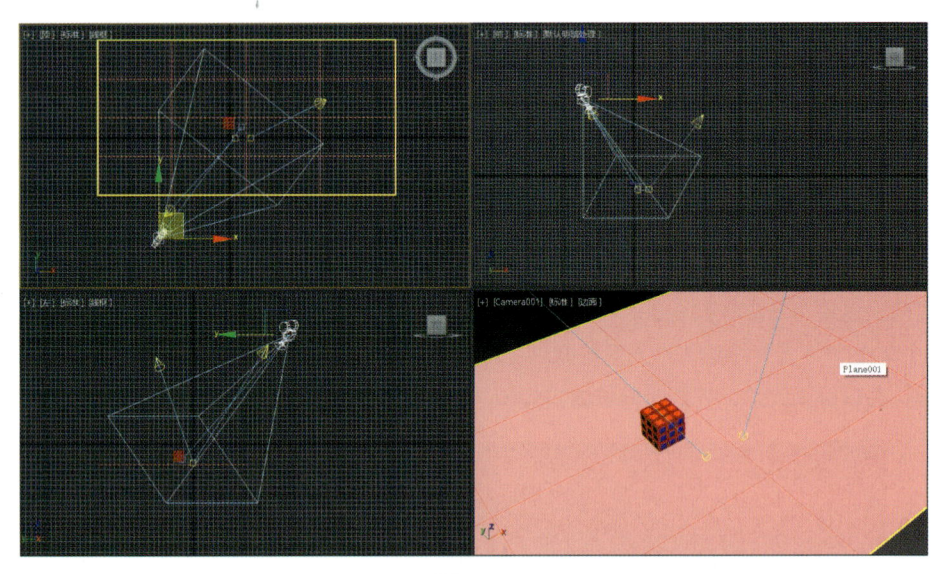

图 4-37

(5)选择"目标聚光灯 1",单击"修改"面板进入"灯光修改"命令面板,在"常规参数"卷展栏中勾选阴影"启用"复选框并选择"高级光线跟踪阴影"类型,如图 4-38 所示。渲染摄影机视图如图 4-39 所示。

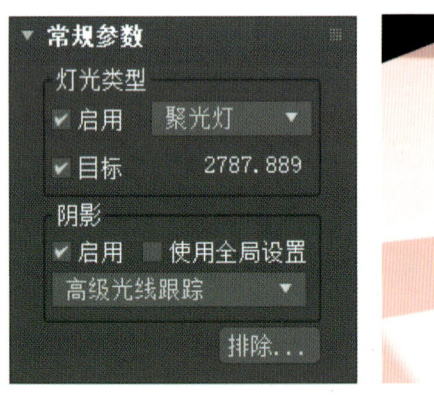

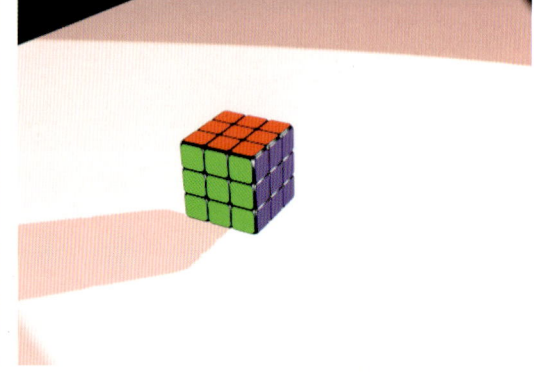

图 4-38　　　　图 4-39

(6)由效果图可看出灯光与阴影的边缘生硬,没有光影感,颜色也较为单调。选择"目标聚光灯 1",单击"修改"按钮进入"灯光修改"命令面板。在"强度/颜色/衰减"卷展栏中设置灯光颜色为 RGB=207、109、98,并在"聚光灯参数"卷展栏中设置"聚光区/光束"为 1.1,设置"衰减区/区域"为 35.0,其他参数设置如图 4-40 所示。

(7)选择"目标聚光灯 2",进入"灯光修改"命令面板。在"强度/颜色/衰减"卷展栏中设置灯光颜色为 RGB=89、96、182,并在"聚光灯参数"卷展栏中设置"聚光区/光束"为 1.1,设置"衰减区/区域"为 20.0,其他参数设置如图 4-41 所示。

(8)渲染摄影机视图,光影模型效果制作完成,如图 4-42 所示。

图 4-40　　　　　图 4-41　　　　　　　　　　图 4-42

二、动画约束

动画约束可以使动画过程自动化。它可以通过与另一个对象的绑定关系，来控制对象的位置、旋转或缩放。

约束需要一个设置动画的对象及至少一个目标对象。目标对受约束的对象施加了特定的动画限制。例如，如果要迅速设置飞机沿着预定跑道起飞的动画，应该使用路径约束来限制飞机向样条线路径的运动。通过关键帧动画的设置，可以切换一段时间内与其目标的约束绑定关系。

三、约束的常见用法

（1）在一段时间内将一个对象链接到另一个对象，如起重机的抓手抓取一个箱子。
（2）将对象的位置或旋转链接到一个或多个对象。
（3）在两个或多个对象之间保持对象的位置。
（4）沿着一个路径或在多条路径之间约束对象。
（5）将对象约束到曲面。
（6）使对象指向另一个对象。
（7）保持对象与另一个对象的相对方向。

四、常用的动画约束控制器

约束有下面 7 种类型。
（1）附着约束。附着约束是一种位置约束，它将一个对象的位置附着到另一个对象的面上（目标对象不用必须是网格，但必须能够转化为网格）。
（2）链接约束。链接约束可以使对象继承目标对象的位置、旋转度及比例。实际上，这允许设置层次关系的动画，这样场景中的不同对象便可以在整个动画中控制应用了链接约束的对象的运动了。

（3）注视约束。注视约束会控制对象的方向，使它一直注视另外一个或多个对象。它还会锁定对象的旋转，使对象的一个轴指向目标对象或目标位置的加权平均值。注视轴指向目标，而上方向节点轴定义了指向上方的轴。如果这两个轴重合，可能会产生翻转的行为。这与指定一个目标摄影机直接向上相似。

（4）方向约束。方向约束会使某个对象的方向沿着目标对象的方向或若干目标对象的平均方向。

（5）路径约束。使用路径约束可限制对象的移动：使其沿样条线移动，或在多个样条线之间以平均间距进行移动。

（6）位置约束。通过位置约束可以根据目标对象的位置或若干对象的加权平均位置对某一对象进行定位。

（7）曲面约束。曲面约束能将对象限制在另一对象的表面上。其控件包括"U 向位置"和"V 向位置"设置及"对齐"选项。

※ 课中实训——任务解析

一、实训指导

（1）运动面板。"运动"面板提供用于调整选定对象运动的工具，操作如下：

选择对象→命令面板→"运动"面板。

例如，可以使用"运动"面板上的工具调整关键点时间及其缓入和缓出。"运动"面板还提供了"轨迹视图"的替代选项，用来指定动画控制器。

如果指定的动画控制器具有参数，则在"运动"面板中显示其他卷展栏。如果"路径约束"指定给对象的位置轨迹，则"路径参数"卷展栏将添加到"运动"面板中。"链接"约束显示"链接参数"卷展栏，"位置 XYZ"控制器显示"位置 XYZ 参数"卷展栏等。

（2）路径约束。动画需要设置路径约束，根据新闻动画运动特点，可选择一个圆形作为运动路径。

二、模型制作

打开 3ds Max 软件，在透视图创建一个球体，具体参数如图 4-43 所示。

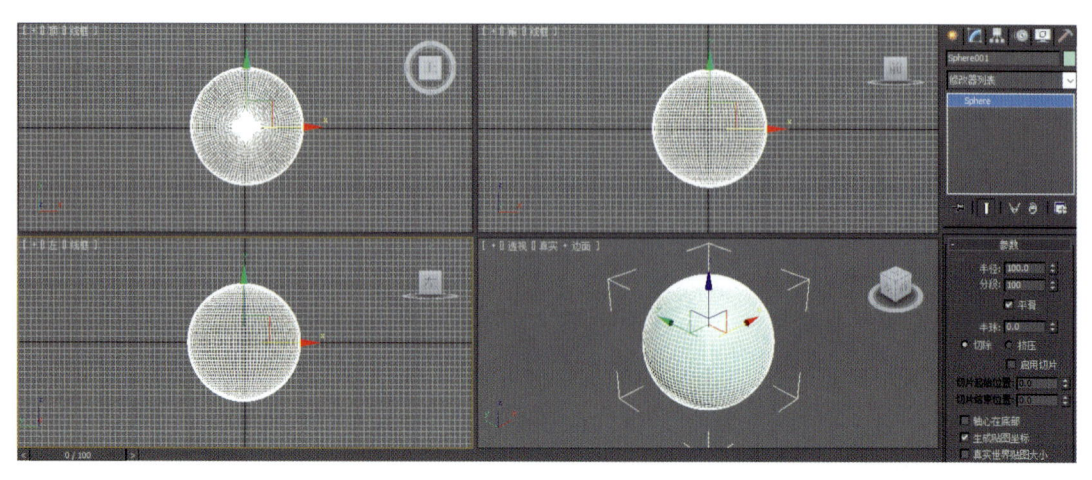

图 4-43

三、材质制作

（1）按 M 键，打开材质编辑器，在第一个材质球的漫反射属性上添加位图（地球 .jpg）贴图，如图 4-44 所示。

图 4-44

（2）返回上级，打开"贴图"卷展栏，将漫反射贴图复制到凹凸属性栏上，并设置数量为 60，设置完成后，将材质球贴到球体上。如图 4-45 所示。

图 4-45

（3）选中"选择并缩放"工具，长按 Shift 键，选中球体复制，如图 4-46 所示（复制的球比上一个球稍大）。

（4）按 M 键，打开材质编辑器，选中第二个材质球，在漫反射添加位图（地球 2.jpg），并将漫反射贴图复制到不透明属性栏中，将设置好的材质赋予到刚复制的球上，如图 4-47 所示。

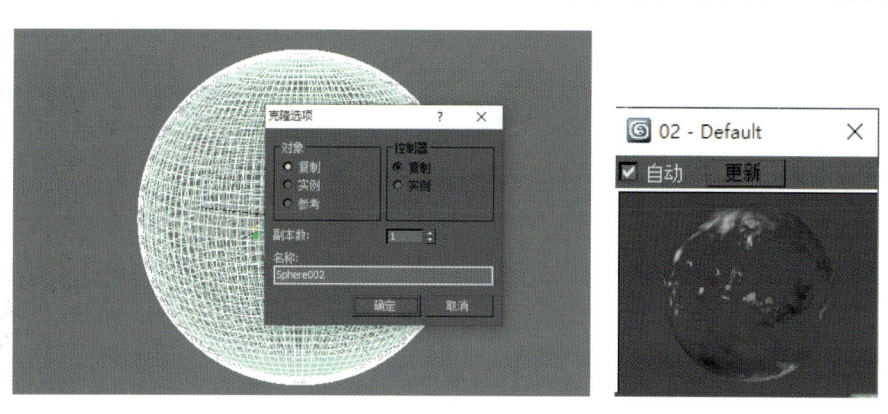

图 4-46　　　　　　　　　　图 4-47

（5）再次选中"选择并缩放"工具，长按 Shift 键，选中球复制（复制的球比上一个球稍大）。按 M 键打开材质编辑器，选中第三个材质球，在漫反射添加衰减贴图。衰减贴图颜色设置如图 4-48 所示。打开"贴图"卷展栏，设置输出参数如图 4-49 所示。

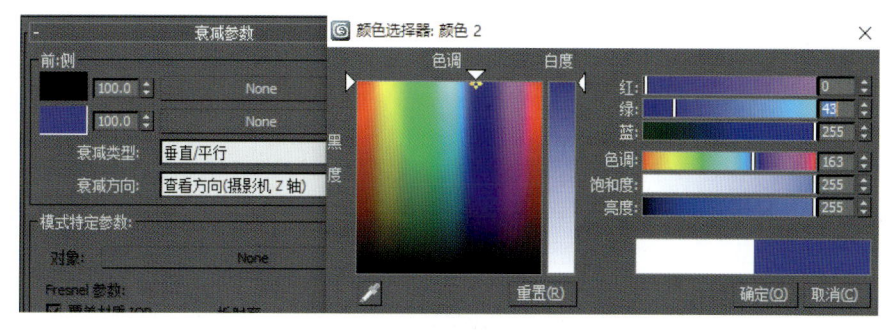

图 4-48

（6）返回上级，将漫反射贴图复制到不透明属性中，并将材质赋到刚复制的球上。地球效果如图 4-50 所示。

（7）执行主工具栏"渲染"→"环境"命令，单击"环境贴图"按钮，选择"位图"→"星空"图片，将图片贴到背景上，勾选"使用贴图"复选框，效果如图 4-51 所示。

图 4-49

图 4-50

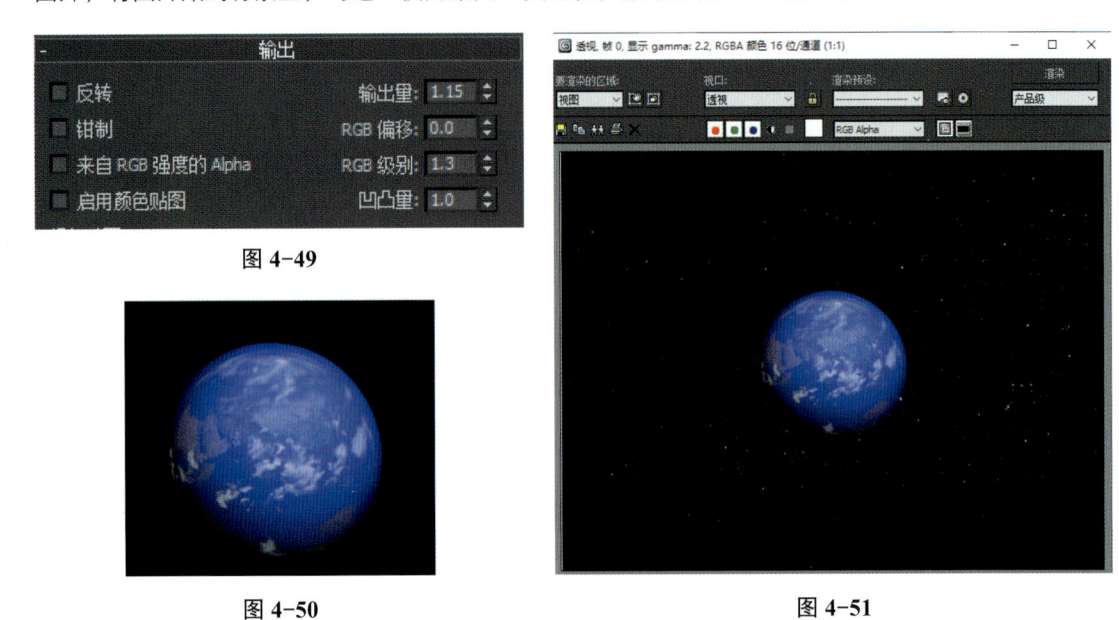

图 4-51

（8）在顶视图中创建一个圆，将"半径"设置为 150，效果如图 4-52 所示。

（9）制作文字环绕效果。选择图形中的文本工具，在前视图中创建文字，参数设置如图 4-53 所示。

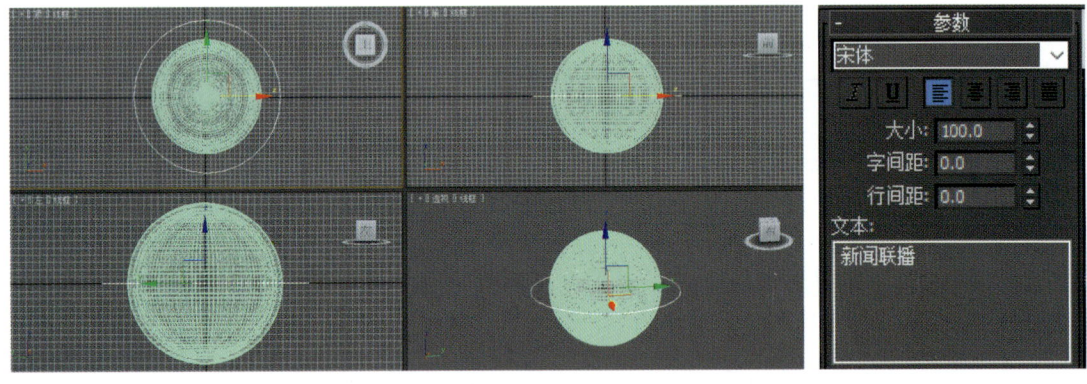

图 4-52

图 4-53

（10）将文字设置为立体字。选中文字，为其添加"挤出"修改器，并设置数量为 10。

四、动画制作

（1）选中挤出后的文字，进入"运动"面板，单击指定控制器，选择位置选项，将位置选项激活。单击指定控制器模块按钮效果，弹出"指定控制器"对话框，选择"路径约束"，单击"确定"按钮，如图 4-54 所示。

（2）在"路径参数"面板中，单击"添加路径"按钮，选择路径为场景中的圆形。并勾选路径选项中的"跟随"复选框，如图 4-55 所示。此时，时间轴中会在第 0 帧和第 100 帧自动添加关键帧，自动生成一段 0~100 帧的动画，动画中文字围绕圆形转正好一圈。效果如图 4-56 所示。

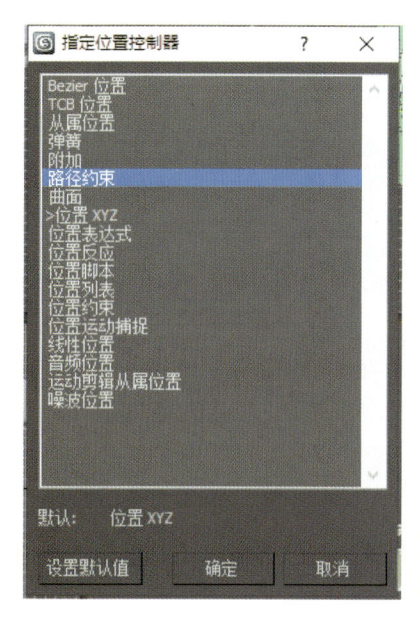

图 4-54 　　　　　　　图 4-55 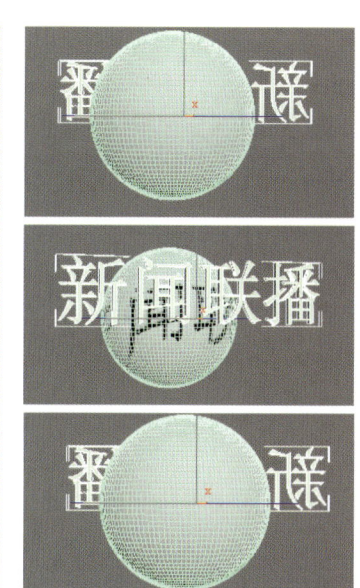　　　　　　　图 4-56

（3）按 M 键，打开材质编辑器，选择空白材质球，在其漫反射属性中添加渐变贴图，渐变贴图中的渐变颜色参数设置如图 4-57 所示。将材质赋给文字模型。

（4）按 Ctrl+C 组合键，新建摄像机，并进入摄像机视图。新闻片头动画制作完成，效果如图 4-58 所示。

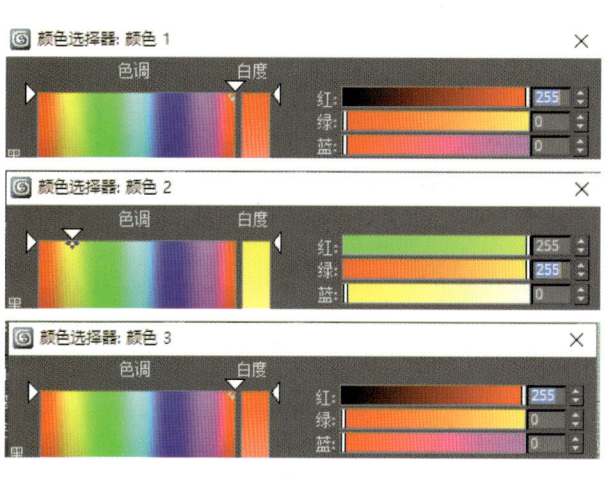

图 4-57 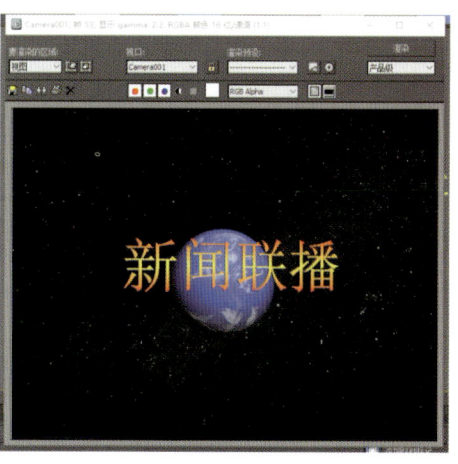　　　　　　　　　　　　　　　　　图 4-58

（5）渲染动画，单击主工具栏上"渲染设置"按钮，打开渲染设置，时间输出选择活动时间段：0~100，默认"扫描线渲染器"窗口，将文件保存为"新闻片头动画.avi"，然后单击"渲染"按钮，输出文件，如图 4-59 所示。

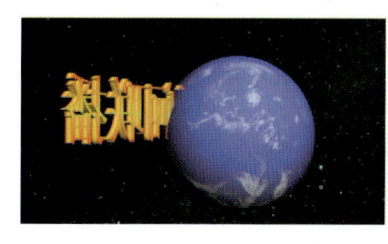

图 4-59

五、举一反三

运用前面所学建模基础知识制作模型,运用本项目所学片头动画制作方法制作路径动画,尝试制作中央电视台《第一动画乐园》的片头动画,如图4-60所示。

图 4-60

※ 课后拓展

几何/可变形空间扭曲

1. 创建和使用空间扭曲

在实际应用中,空间扭曲与编辑修改器相类似,但是两者是有差异的。典型的编辑修改是应用于单独的对象,而空间扭曲可以同时应用于多个对象并可以用于世界坐标系。

2. 创建空间扭曲

执行命令面板上的"创建"→"空间扭曲"命令,在弹出的下拉列表中有6种空间扭曲类型。

3. 使用空间扭曲

多个对象可以施加到单个空间扭曲上,单个对象也可以施加到多个空间扭曲上。使用空间扭曲的步骤如下。

(1)创建空间扭曲。

(2)将对象和空间扭曲绑定在一起。单击工具栏上的"绑定到空间扭曲"按钮,然后在空间扭曲和对象之间拖动。空间扭曲只有在和对象、系统或选择集绑定在一起时才在场景中具有可视效果。

(3)调整空间扭曲的参数。

(4)使用"移动""旋转"或"缩放"变换空间扭曲。变换操作会直接影响绑定对象。

4. 空间扭曲的类型

空间扭曲类型有很多种,这里要介绍在实际应用中较多又具有典型性的"几何/可变形空间扭曲"。"几何/可变形空间扭曲"主要用于变形对象的几何体,其主要包括FFD(长方体)、FFD(圆柱体)、波浪、涟漪、置换、一致和爆炸。下面将通过简单案例制作波浪空间扭曲和爆炸空间扭曲的效果。

(1)波浪字特效。

1)在前视图中新建文字。执行命令面板上"创建"→"图形"→"文本"命令,将文本修改为"三维动画"。

2）选择文字，执行命令面板上的"修改"→"倒角"命令，参数设置如图 4-61 所示。

3）在顶视图将文字沿 X 轴旋转 30°，如图 4-62 所示。

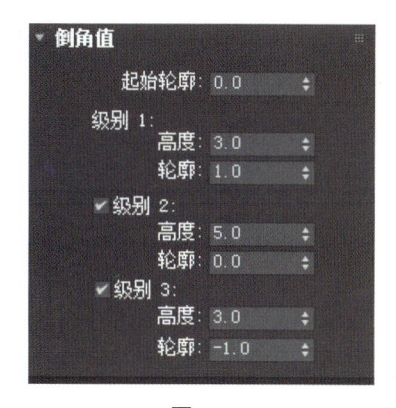

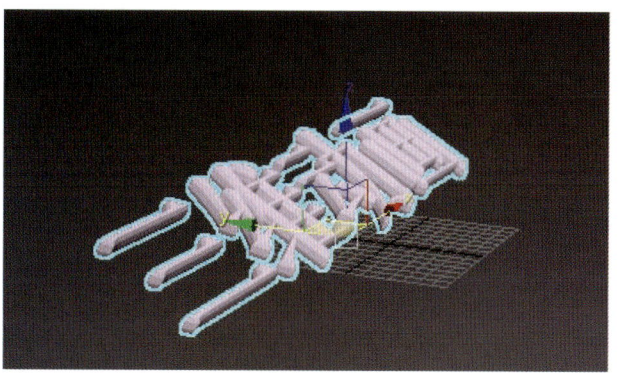

图 4-61　　　　　　　　　　　图 4-62

4）设置文字飞入动画。在动画控制区单击"自动关键点"按钮，打开动画记录，将时间滑块拖到第 0 帧处，在顶视图中将文字向上移动。把时间滑块拖到第 100 帧处，将文字向下移动到原来的位置。再次单击"自动关键点"按钮，关闭动画记录，如图 4-63 所示。

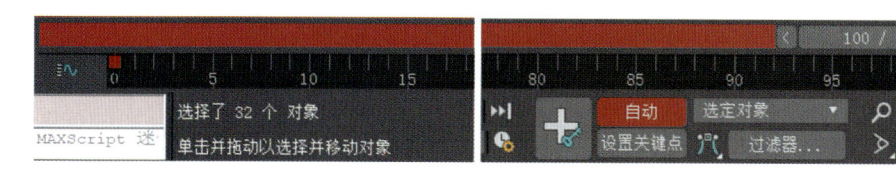

图 4-63

5）给文字加入波浪效果。执行命令面板上"创建"→"空间扭曲"→"几何体/可变形"→"波浪"命令，在顶视图创建一个波浪对象，如图 4-64 所示。

6）在动画控制区单击"自动关键点"按钮，打开动画记录，把时间滑块拖到 0 帧处，设置相位值为 0；将时间滑块拖到 100 帧处，设置相位值为 5，再次单击"自动关键点"按钮，关闭动画记录。

7）在顶视图中将波浪沿 Y 轴旋转 45°，沿 Z 轴旋转 90°。

8）单击主工具栏上的"绑定到空间扭曲"按钮，在视图上将鼠标放置在文字上，然后单击鼠标左键将其拖到波浪对象上，再释放鼠标，将文字绑定到空间扭曲对象上。至此波浪高亮显示，表明两对象已经建立链接，文字已经出现波浪效果，如图 4-65 所示。

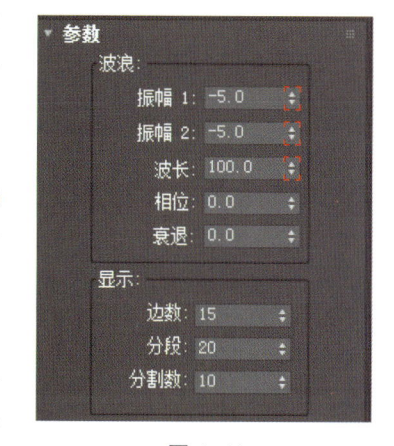

图 4-64

9）播放动画观看爆炸效果。渲染输出动画。

（2）爆炸字特效。

1）在前视图中新建文字。执行命令面板上"创建"→"图形"→"文本"命令，将文本修改为"动画"。

2）选择文字，执行命令面板上的"修改"→"倒角"命令，参数设置如图 4-66 所示。

3）加入爆炸效果。执行命令面板上的"创建"→"空间扭曲"→"几何体/可变形"→"爆炸"命令。在顶视图中创建两个爆炸对象，分别与两个文字中心对齐，如图 4-67 所示。

图 4-65 　　　　　　　　　　　图 4-66 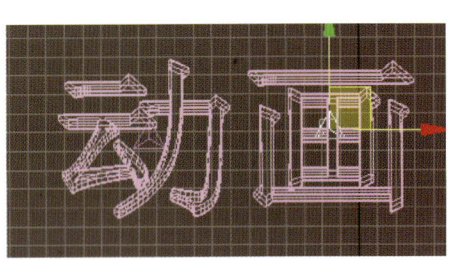　　　　　　　　　　　图 4-67

4）选择第一爆炸体，进入"修改"面板，参数设置如图 4-68 所示。

5）使用同样的方法设置第二个爆炸体的参数，如图 4-69 所示。

图 4-68 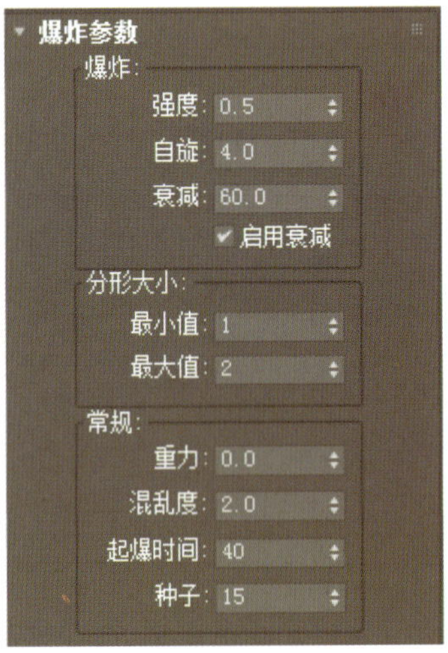　　　　　　　　　　　图 4-69

6）单击工具栏上的"绑定到空间扭曲"按钮，在视图上将鼠标放置在文字"动"上，然后单击鼠标左键将其拖到爆炸 1 对象上，再释放鼠标，将文字绑定到空间扭曲对象上，此时爆炸体高亮显示，表明两对象已经建立链接效果。

7）使用同样的方法链接文字 2 和爆炸体 2。

8）播放动画观看爆炸效果，如图 4-70 所示，渲染输出动画。

图 4-70

实训任务三　卷轴动画制作

任务清单 3　卷轴动画制作

项目名称	任务清单内容
任务导入	卷轴是中国书画的装裱形式之一，是中国画裱画最常见的体式，以装有"轴杆"得名。一般一幅作品裱为一轴，也有多幅作品裱为一轴的。本案例将在 3ds Max 中制作图 4-71 所示的卷轴动画，卷轴内部是华丽的书法作品，卷轴添加了古香古色的木纹图样，展开动画流畅美观。 图 4-71
任务目标	1. 掌握 3ds Max 中卷轴模型的制作方法。 2. 掌握 3ds Max 中使用"弯曲"修改器制作动画的操作方法。 3. 能够尝试使用其他修改器制作更多修改器动画。 4. 培养学生创意思维的进步和发展，制作出更多创意修改器动画
工作标准	1. 模型符合画材模型标准，卷轴画尺寸一般为 136 cm×34 cm，轴杆直径为 2 cm。 2. 使用双面材质。 3. 动画流畅美观，富有创意性。 4. 场景规划合理，修改器熟练运用
任务思考	1. "弯曲"修改器各参数的主要作用是什么？ 2. 制作修改器动画的步骤有哪些
任务评价	<table><tr><th>评价标准</th><th>自我评价</th><th>学生互评</th><th>教师评价</th><th>企业评价</th></tr><tr><td>动画流畅自然（60 分）</td><td></td><td></td><td></td><td></td></tr><tr><td>材质表现自然（20 分）</td><td></td><td></td><td></td><td></td></tr><tr><td>场景规划合理（20 分）</td><td></td><td></td><td></td><td></td></tr><tr><td colspan="5">总评（权重后综合得分）</td></tr></table>

视频：卷轴动画制作

※ 课前学习——知识准备

一、动画的移动和缩放

创建一个球体,打开"自动关键点",将时间滑块移动到第 30 帧,对球体进行位移操作,时间轴上将出现红色标记,按住 Ctrl 键的同时依次选择两个关键帧,此时时间滑块状态如图 4-72 所示。

图 4-72

将鼠标光标放在下方两个白色标记中间时,光标将变为 ,此时按住鼠标左键可以移动整段动画在时间轴上的位置,将光标放在白色标记上时,光标将变为 ,此时拖动鼠标可以调整动画的时间长度。

如果要复制某个关键帧,可以选中关键帧后在按住 Shift 键的同时拖动鼠标完成操作。

二、修改器动画

为场景中的模型添加修改器后,在不同关键帧中可以设置修改器的参数而形成的动画,称为修改器动画。利用修改器动画可以更加方便地制作出很多其他方法无法实现的动画效果。

常用于制作修改器动画的修改器主要有弯曲、扭曲、噪波、FFD、路径变形、变形器和切片,下面举例使用"弯曲"修改器和"FFD"修改器各制作一个简单动画,介绍修改器动画的制作方法。

1. "弯曲"修改器动画——圆柱体弯曲动画

(1)在前视图中创建一个圆柱体,参数设置如图 4-73 所示。

(2)为圆柱体添加"弯曲"修改器,然后单击动画控制区中的"自动关键点"按钮。

(3)将时间滑块拖至第 20 帧处,在修改面板的"参数"卷展栏中将角度设置 90,如图 4-74 所示。

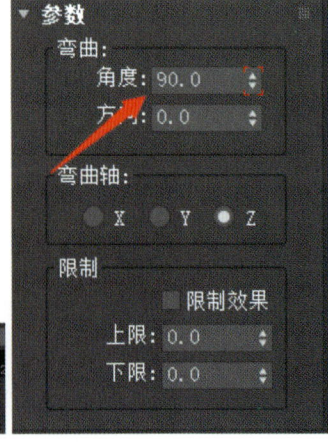

图 4-73　　　　　　　　图 4-74

(4)将时间滑块拖至第 40 帧处,在修改面板的"参数"卷展栏中将角度设置为 -90。

(5)再次单击"自动关键点"按钮取消其激活状态,然后将时间滑块拖到第 0 帧处,单击动画控制区中的"播放动画"按钮观看动画效果。

2. "FFD"修改器动画——游鱼动画

"FFD"修改器也称为"自由形式变形"修改器,可以通过调整晶格的控制点改变模型的形状。下面将通过"FFD"修改器制作案例水中游鱼动画。

(1)打开"水中游鱼模型.max"素材文件,选中鱼模型,然后在修改面板中展开添加好的"可编辑多边形"修改器,并选中"顶点"子对象,如图4-75所示。

(2)在顶视图中框选要编辑的顶点,然后将"软选择"卷展栏中的"衰减"参数设置为180,以指定影响区域的距离,如图4-76所示。

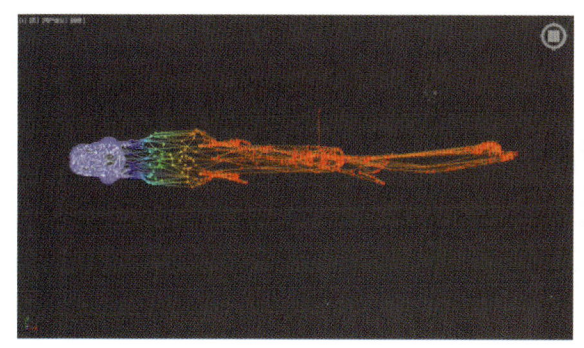

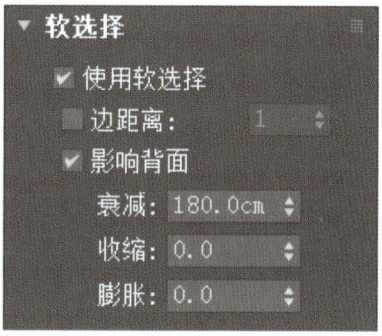

图 4-75   图 4-76

(3)为所选顶点添加"FFD 3×3×3"修改器,然后单击动画控制区中的"自动关键点"按钮。将时间滑块拖至第25帧处,然后将"FFD 3×3×3"修改器的修改对象设置为"控制点"子对象,并使用"旋转"工具和"移动"工具在顶视图中调整控制点的角度和位置,如图4-77所示。

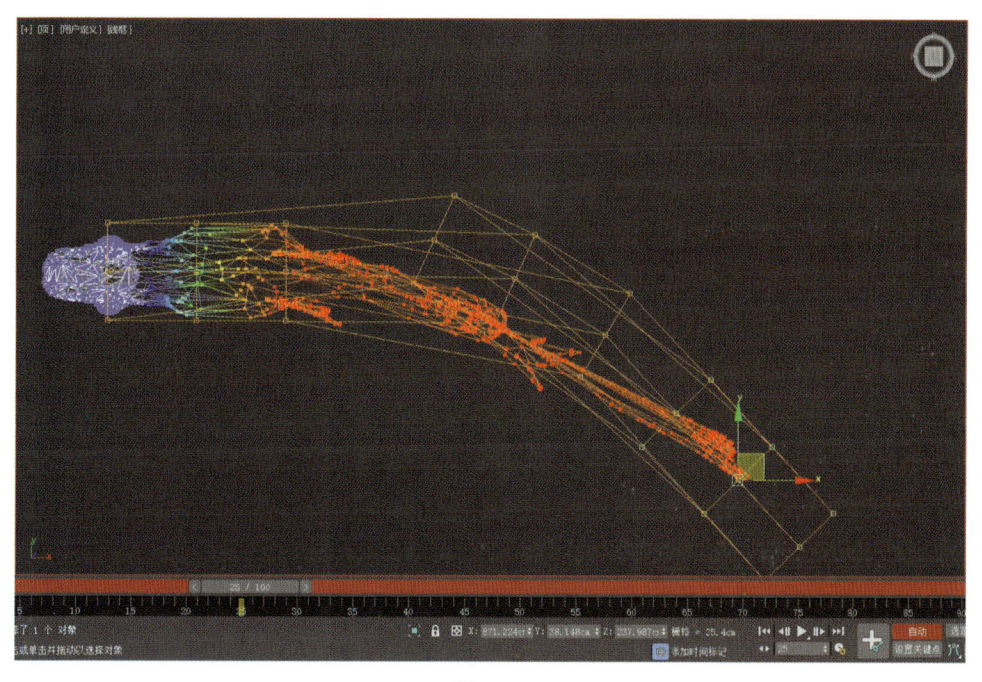

图 4-77

(4)将时间滑块拖至第50帧处,然后使用"旋转"工具和"移动"工具在顶视图中调整控制点的角度和位置,如图4-78所示。

(5)在时间轴上框选第25帧和第50帧,在按住Shift键的同时将第25帧拖到第75帧处,如图4-79所示。

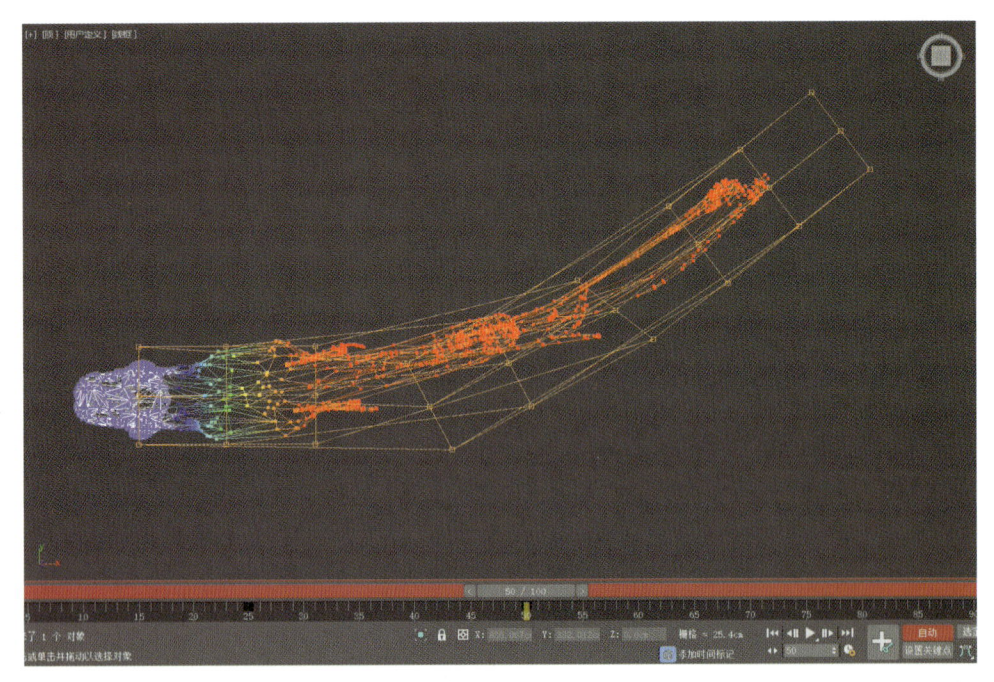

图 4-78

框选 25 帧和 50 帧

按住 Shift 键往右移动复制

图 4-79

（6）单击"修改"面板修改器列表中的"FFD 3×3×3"修改器，退出控制点的编辑状态，然后将时间滑块拖至第 100 帧处，使用"移动"工具将顶视图中的鱼模型沿 X 轴向左平移，使摄影机视图中的鱼模型从左下方退出画面，如图 4-80 所示。

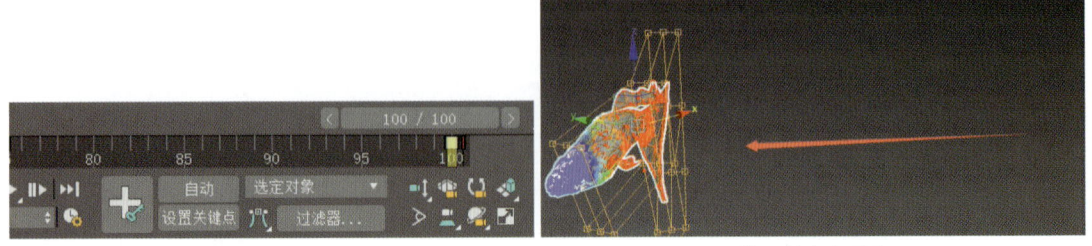

时间轴拖到第 100 帧处　　　　　　　　　　沿 X 轴向左平移

图 4-80

（7）再次单击"自动关键点"按钮取消其激活状态，然后激活摄影机视图，利用"播放动画"按钮预览动画效果，最后将摄影机视图渲染输出为 avi 格式的视频。

※ 课中实训——任务解析

一、实训指导

双面材质：本案例中卷轴使用双面材质，使用双面材质可以为对象的两面指定不同的材质，如图 4-81 所示。

创建双面材质的步骤如下：

（1）在材质编辑器中激活一个示例窗，单击"类型"按钮，在"材质/贴图浏览器"中将材质的类型修改为双面，如图 4-82 所示。

图 4-81

图 4-82

（2）此时 3ds Max 将弹出"替换材质"对话框，该对话框内容如图 4-83 所示。

（3）双面材质基本参数如图 4-84 所示，可以分别对正面材质和背面材质设置。

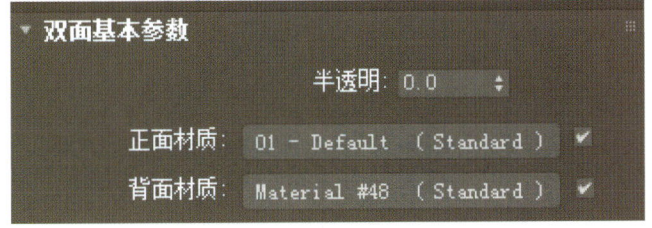

图 4-83

图 4-84

设置完每一个材质参数后，单击"转到父对象"按钮，可以返回到上层。

二、模型制作

（1）打开 3ds Max 软件，新建一个空白场景。选择创建面板中的标准基本体，单击"平面"按钮，在顶视图中绘制一个长方形，修改其参数如图 4-85 所示。

（2）单击创建面板中的圆柱体，在前视图绘制一个圆柱，调整位置，修改参数，如图 4-86 和图 4-87 所示。

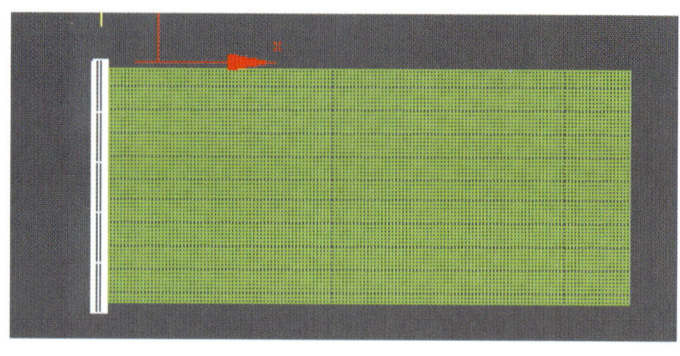

图 4-85　　　　　　图 4-86　　　　　　图 4-87

（3）选择图形面板中的"线"按钮，在顶视图中绘制一条曲线，如图 4-88 所示。选中曲线单击鼠标右键将其转换为可编辑样条线。按 1 键，进入顶点层级，先对点进行修改，使其造型更美观，再选择中间所有顶点用鼠标右键单击，选择平滑，将其转换为平滑的曲线。效果如图 4-89 所示。

（4）在修改器列表中执行"车削"命令，方向为 Y，对齐为最大。效果如图 4-90 所示。

（5）选中刚车削好的模型，执行工具菜单中的"镜像"命令，参数如图 4-91 所示。将转轴另一边的顶部造型制作完成，如图 4-92 所示。

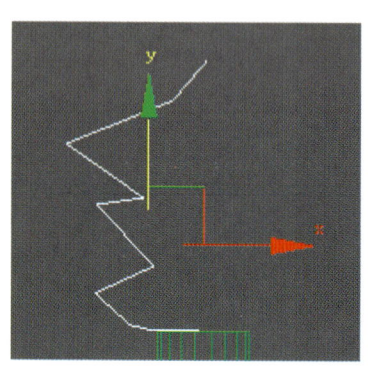

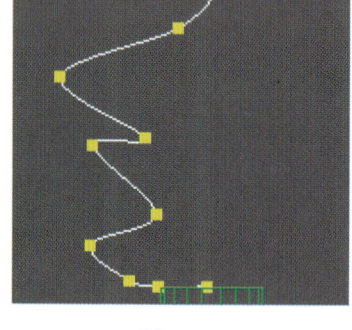

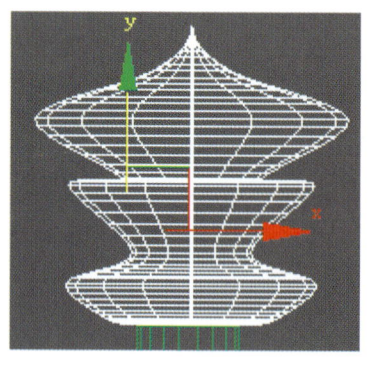

图 4-88　　　　　　图 4-89　　　　　　图 4-90　　　　　　图 4-91

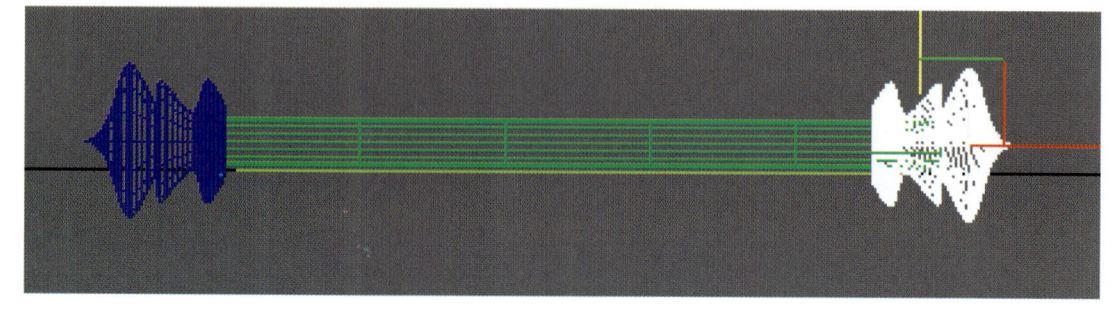

图 4-92

（6）选中转轴三部分，执行"组－成组"命令，将其命名为"转轴"。

三、材质制作

（1）按 M 键，打开材质编辑器，选择一个材质球，将其命名为"转轴材质"，"明暗器基本参数"选择双面，在 Blinn 基本参数中设置参数，在 Blinn 基本参数中单击漫反射右侧的按钮，打开"材质贴图浏览器"对话框，双击"位图"选项，选择位图（木纹.jpg）文件，将材质赋予转轴。参数设置如图 4-93 所示。

（2）按 M 键，打开材质编辑器，选择一个新材质球，单击"Standard"按钮，在弹出的"材质贴图浏览器"对话框中双击"双面"材质，选择"丢弃旧材质"单选按钮。

（3）在"双面基本参数"中单击正面材质右侧的按钮，单击"贴图"卷展栏中的漫反射颜色右侧按钮，在弹出的对话框中双击"位图"选项，选择"字画.jpg"文件，单击打开。

（4）返回上一级，单击背面材质右侧的按钮，在 Blinn 基本参数中单击漫反射右侧的颜色块，设置颜色参数如图 4-94 所示。设置完成后将材质赋予平面，渲染一下，效果如图 4-95 所示。

（5）将转轴复制一个，并移动到合适的位置，如图 4-96 所示。

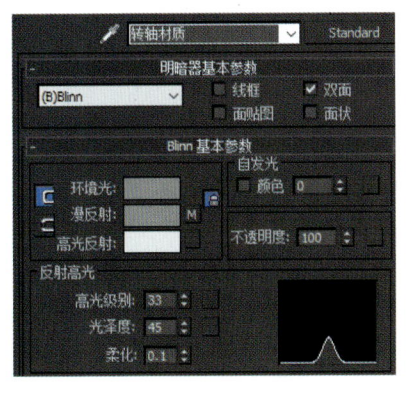

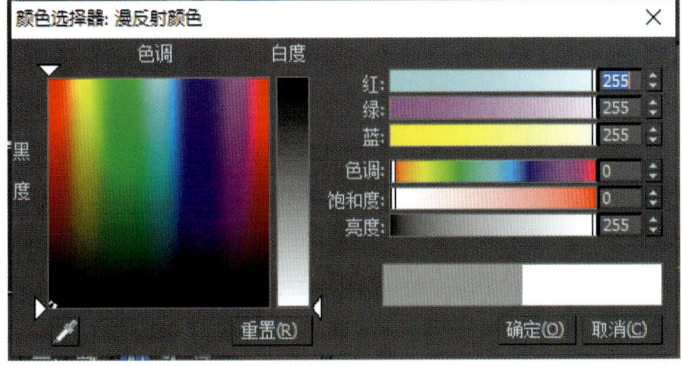

图 4-93

图 4-94

图 4-95

图 4-96

四、动画制作

（1）制作动画。选择平面，打开"修改"面板，在修改器列表下拉列表中选择弯曲选项，并设置其参数如图 4-97 所示。

（2）打开"修改"面板，在修改器堆栈中选择"gizmo"选项，进入编辑模式，单击"自动关键点"按钮，在第 0 帧处将修改器的中心点移动到平面的最左端，如图 4-98 所示。

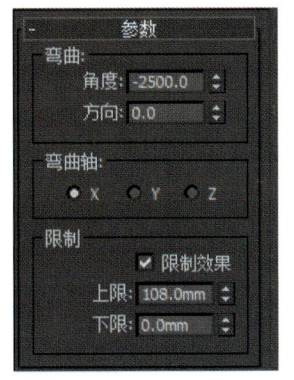

图 4-97

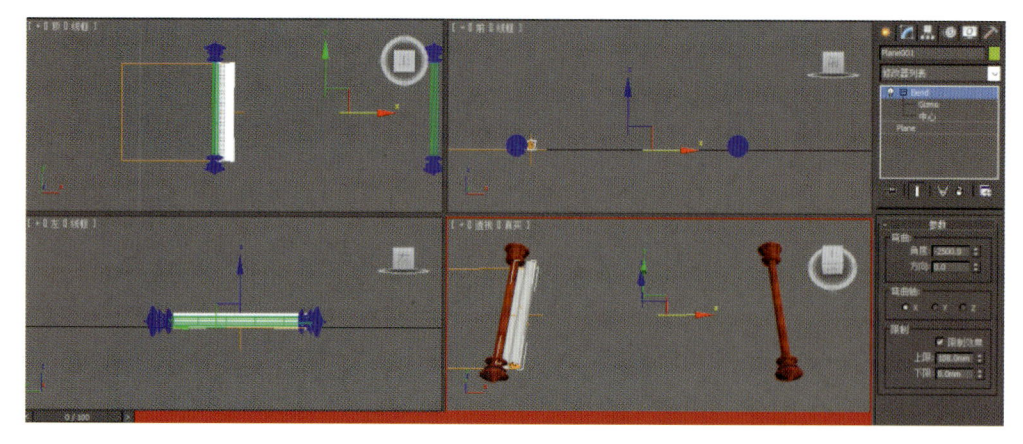

图 4-98

（3）将时间拖动到第 100 帧处，将中心点移动到平面的最右端，如图 4-99 所示。

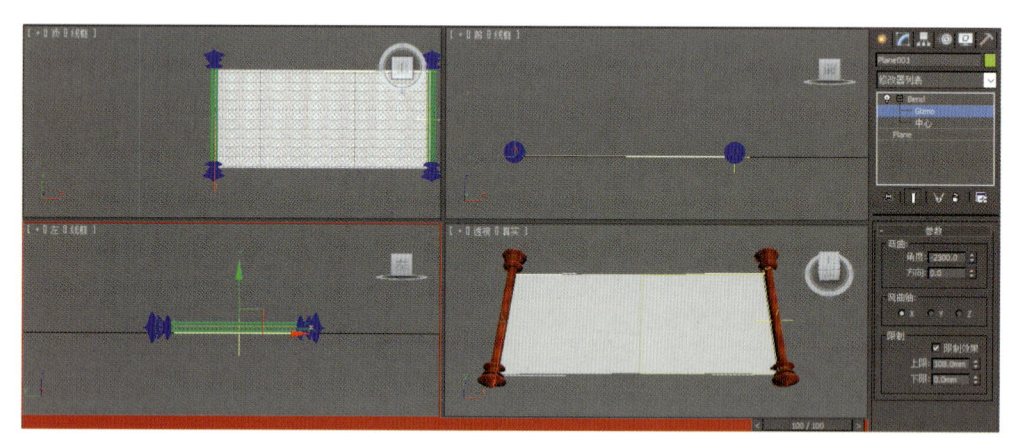

图 4-99

（4）退出"弯曲"编辑状态，选中右端的转轴对象，在时间滑块上单击鼠标右键，为其创建一个变换关键点，如图 4-100 所示。

（5）将时间滑块拖到第 0 帧处，将转轴对象移动到左端。播放一下，卷轴动画基本完成。效果如图 4-101 所示。

图 4-100

图 4-101

（6）退出"动画记录"模式，选择平面对象，打开"修改"面板，在修改器列表中选择"噪波"选项，修改其参数如图 4-102 所示。

（7）执行主工具栏中"渲染"→"环境"命令，设置环境贴图为"背景.jpg"。渲染观察效果，如图 4-103 所示。

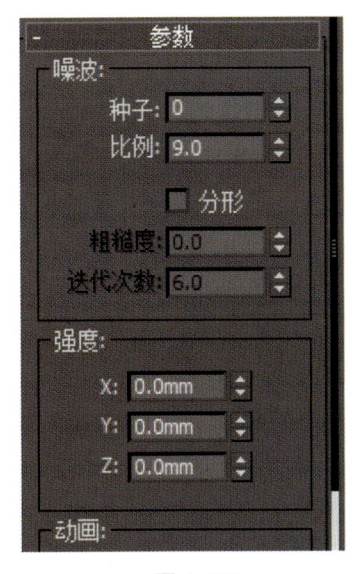

图 4-102　　　　　　　　　　　　图 4-103

（8）渲染动画，单击主工具栏上的"渲染设置"按钮，弹出"渲染设置"对话框，时间输出选择活动时间段：0~100，默认"扫描线渲染器"窗口，将文件保存为"卷轴动画.avi"，然后单击"渲染"按钮，输出文件。

五、举一反三

使用其他修改器制作修改器动画，如使用"融化"修改器制作冰激凌融化效果。

※ 课后拓展

虚拟对象的应用

以汽车动画为例，汽车在发生位移时，自身的车轮也是运动的，此时汽车有两种运动状态，即车轮自旋动画和汽车整体的路径动画。在处理这种运动变化属性时，需要通过两种或两种以上的形式来控制对象的运动状态。在此，针对这种动作运动状态的动画，需要引入一个工具，那就是"虚拟对象"。下面通过一个简单的茶壶运动案例演示虚拟对象的使用，操作步骤如下。

（1）在顶视图中新建一个茶壶。

（2）使用"图形"面板中的"线"工具在顶视图绘制一条曲线作为运动路径，曲线调点使其圆滑，如图 4-104 所示。

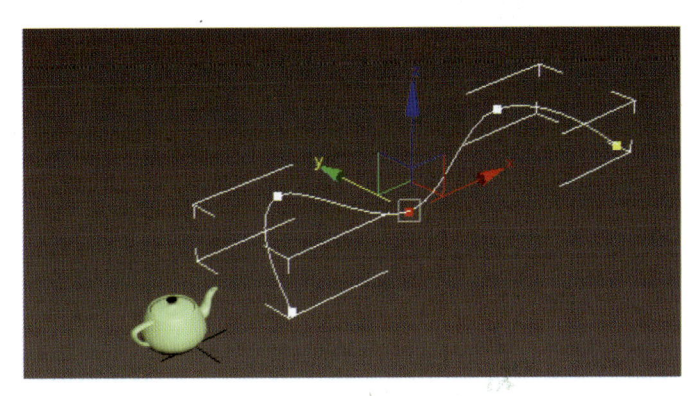

图 4-104

（3）进入"运动"面板，单击"指定控制器"按钮，选择"位置"选项，将位置选项激活。单击"指定控制器"按钮，在弹出的"指定控制器"对话框中选择路径约束。

（4）在"路径参数"面板中，单击"添加路径"按钮，路径选择为场景中的曲线，如图4-105所示。

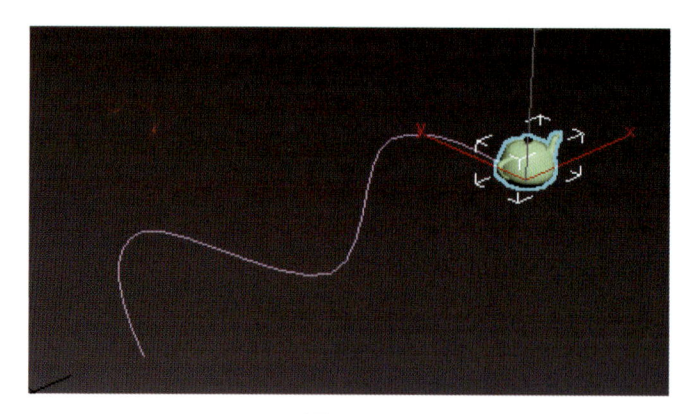

图4-105

（5）制作茶壶自转。执行"辅助对象"→"标准"→"虚拟对象"命令，在透视图中新建一个复制对象，并使用选择并链接工具将虚拟对象和茶壶绑定在一起，如图4-106所示。

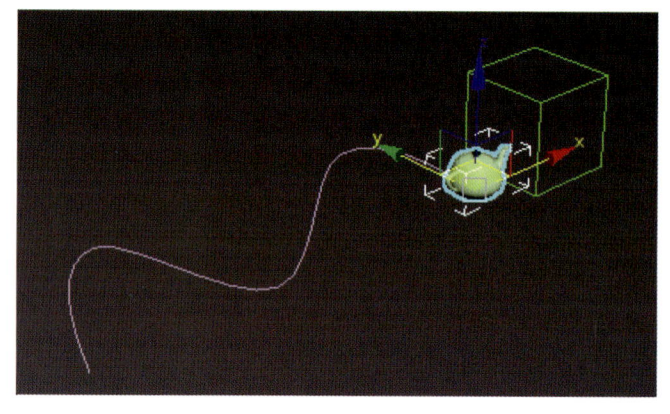

图4-106

（6）在动画控制区单击"自动关键点"按钮，打开动画记录，把时间滑块拖到第100帧处，使用旋转工具将虚拟对象沿Y轴旋转一定角度，如图4-107所示。

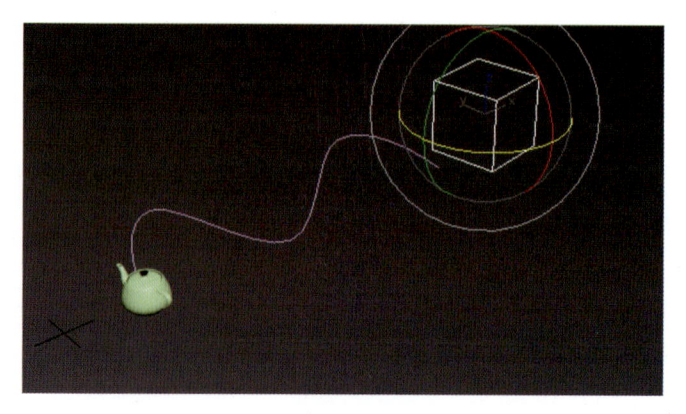

图4-107

（7）播放动画，观察效果，此时，茶壶在沿路径移动的过程中也进行着自转。茶壶运动案例制作完成。

PROJECT FIVE

项目五　商业动画制作

项目情境

3ds Max 除可以制作关键帧、修改器动画等基础动画外，还可以运用粒子系统进行粒子动画的制作。我们经常在动画中看到的花瓣飞舞、树叶飘落、喷泉等效果都可以用粒子系统进行制作。本项目源于企业真实案例，我们通过海边风景和宣传动画两种不同风格商业动画的制作，让大家感受 3ds Max 动画功能的强大，同时能够让大家进一步掌握多种材质的制作方法、场景布光的方法，以及环境和效果的应用。

学习目标

★知识目标：

1. 掌握环境和效果动画的制作方法。
2. 掌握"置换"修改器和"噪波"修改器的主要参数作用。
3. 掌握粒子系统的作用、类型及主要参数作用。

★能力目标：

1. 能够熟练进行灯光、材质的调节。
2. 能够根据用户需求完成商业动画制作。

★素质目标：

1. 培养运用 3ds Max 进行商业动画制作的能力。
2. 培养创新意识、团队合作意识及沟通协调能力。

职业技能

1. Autodesk 3ds Max 产品专员：3ds Max 灯光技术（8%）；材质技术（8%）；3ds Max 环境和效果（2%）；3ds Max 基本粒子系统（4%）。

2. ACAA 认证三维模型师：建模实操技能（10%）。

实训任务一　海边风景动画制作

任务清单 1　海边风景动画制作

项目名称	任务清单内容
任务导入	我国地大物博，大自然的鬼斧神工为我们创造出许多美丽的风景：山东泰山、桂林漓江、杭州西湖、云南丽江、海南岛等，数不胜数。海边风景动画案例（图5-1）通过海水、礁石、灯塔、雾气等模型，以及材质、灯光、环境效果和动画的制作，表现出海边波光粼粼、水天一色的自然美景。 图 5-1
任务目标	1. 进一步熟悉 3ds Max 三维动画制作的流程。 2. 掌握"置换"修改器的作用，以及环境和效果的作用及使用方法。 3. 掌握摄影机、材质动画的制作方法。 4. 培养创新意识及团队合作意识和沟通协调能力
工作标准	1. 模型精度控制合理、在保证视觉效果前提下减少面数及材质数量。 2. 模型材质质感真实，环境效果设置正确，动画流畅
任务思考	1. 混合材质在制作时遮罩中的图像起什么作用？ 2. 海面还可以用什么方法制作

任务评价	评价标准	自我评价	学生互评	教师评价	企业评价
	模型精度合理、视觉效果好（40分）				
	环境效果及材质表现精细（40分）				
	渲染设置正确，动画效果佳（20分）				
	总评（权重后综合得分）				

视频：海边风景动画制作

※ 课前学习——知识准备

一、置换修改器

"置换"修改器可以重塑对象的几何外形,可以直接从修改器的 Gizmo(也可以使用位图)来改变几何体的外观。图 5-2 所示为平面添加左侧黑白位图后置换效果,常用于制作地形、地面、水面效果。"置换"修改器主要参数如下:

强度:设置置换的强度,数值为 0 时没有任何效果。

衰退:如果设置该数值,则置换强度会随距离的变化而衰减。

位图/贴图:加载位图(通常为灰度图)或贴图(常用噪波)。

适配:缩放 Gizmo 以适配对象的边界框,使两者一致。

图 5-2

二、噪波修改器

"噪波"修改器可以使对象表面的顶点进行随机变动,从而让表面变得起伏不规则,也常用于制作复杂的地形、地面和水面效果。

种子:生成一个随机起点。不同数值可以生成不同的随机效果。

比例:设置噪波的显示比例。值越大噪波显示范围越小,效果越平滑;值越小噪波效果越密集。图 5-3 所示为强度相同时比例为 1∶50 和 1∶200 的对比效果图。

强度:顶点沿某一坐标轴的位移大小。数值越大,位移量越大。强度通常配合比例使用。

图 5-3

三、环境和效果

1. 环境

一幅优秀的 3ds Max 作品,不仅要有精细的模型、真实的材质和合理的渲染参数,还可以为场景添加云、雾、火、体积雾和体积光等模拟现实生活的环境效果,同时还要有符合当前场景的背景和全局照明效果,这样才能烘托出场景的气氛。这些都可以在图 5-4 所示的"环境和效果"对话框(快捷键 8)的"环境"选项卡中进行设置。

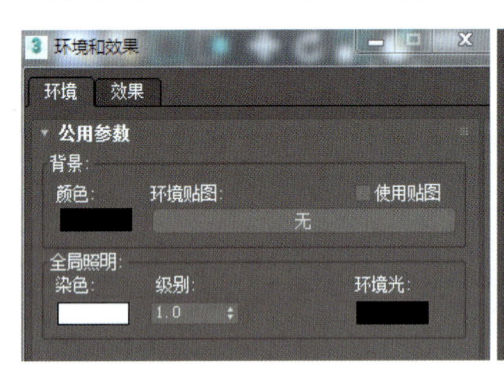

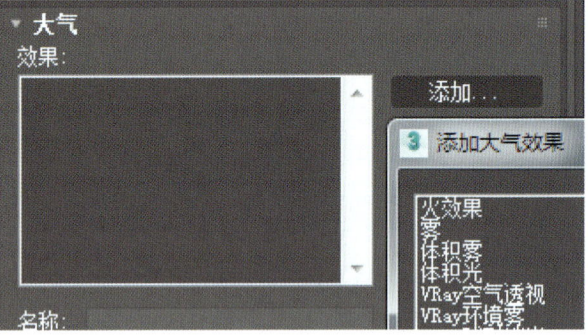

图 5-4

(1)"背景"选项组参数。

颜色:用于设置渲染时环境的背景颜色。

环境贴图:在其贴图通道中加载一张"环境"贴图来作为背景。

使用贴图:使用一张贴图作为背景。

(2)"全局照明"选项组参数。

染色:如果该颜色不是白色,那么场景中的所有灯光(环境光除外)都将被染色。

级别:增强或减弱场景中所有灯光的亮度。值为 1 时保持原始设置;增加该值可以加强场景的整体照明;减小该值则减弱整体照明。

环境光:设置环境光的颜色。

(3)"大气"选项组参数。

添加:单击该按钮,在弹出"添加大气效果"的对话框中可以添加火效果、雾、体积雾、体积光等大气效果。

"体积雾"多用来模拟烟云等效果;"体积光"可以用来制作带有光束的光线,如模拟穿过树叶照进来的缝隙光束。"火效果"和"体积雾"需要以大气装置为载体来控制体积,体积光需要指定给灯光以获得光源。

"火效果"可以制作出火焰、烟雾和爆炸等效果,"火效果"不产生任何照明效果。以创建火焰动画为例,具体步骤如下:

1)单击"创建"命令面板中的"辅助对象"按钮,在下拉列表中选择"大气装置",在"对象类型"卷展栏中单击"球体 Gizmo"按钮,在视图中创建一球体大气装置,选中球体,单击"修改"命令面板,修改它的半径值,勾选"半球"复选框、拉伸其高度,效果如图 5-5 所示。

2)选择球体,在修改面板"大气和效果"卷展栏下单击选择"火效果"并单击"设置"按钮,打开"环境和效果"窗口,

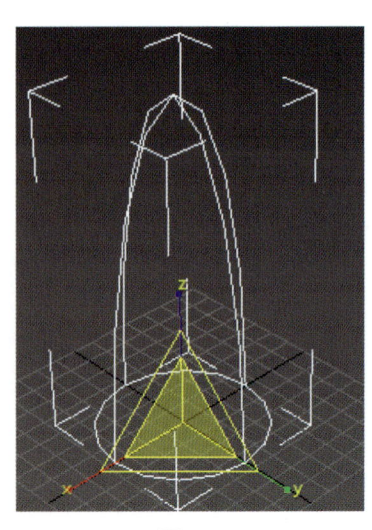

图 5-5

打开"火效果参数"卷展栏,设置相关参数后效果如图 5-6 所示;单击动画控制区中的"自动关键点"按钮,然后将时间滑动移动到第 100 帧,修改火焰大小、相位等相关参数,最后单击"自动关键点"按钮完成设置。

2. 效果

在"环境和效果"对话框的"效果"选项卡(图 5-7)中可以为场景添加"毛发和毛皮""镜头效果""模糊""亮度和对比度""色彩平衡""景深""文件输出""胶片颗粒""照明分析图像叠加""运动模糊"等效果。利用这些效果可以为场景添加镜头光晕、场景模糊、胶片颗粒等特效。

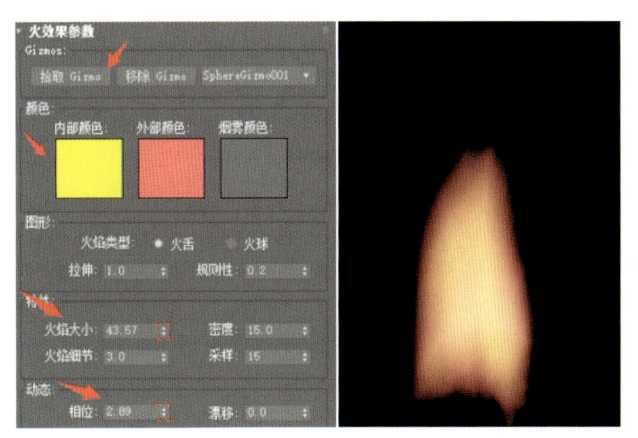

图 5-6

图 5-7

四、3ds Max 的灯光

灯光是 3ds Max 场景构成的一个重要组成部分,在造型及材质已经确定的情况下,场景灯光的设置将直接影响整体效果。灯光本身并不能被渲染,只能在视图操作时看到,但它可以影响周围物体表面的光泽、色彩和亮度。

3ds Max 场景中没有创建灯光之前默认使用全局光,默认照明包含两个不可见的灯光:一个位于场景左上方;另一个位于场景右下方。场景中创建灯光后,默认全局光将关闭,自己创建的灯光能够更好地表现光影关系,让物体呈现出三维立体感,将场景中创建的灯光全部删除后将会重新启用默认灯光。

对于同一个场景,布置相同的灯光,将场景对象的材质设定为白模(只有自身颜色)及将材质设定为真实材质以后,渲染出来的灯光氛围往往是不同的,这是正常现象。因为素模场景的材质不具有反射、折射、凹凸等属性。

3ds Max 灯光主要包括"标准""光度学"和"Arnold"灯光,如图 5-8 所示。

图 5-8

1. "标准"灯光

"标准"灯光是基于计算机的模拟灯光对象,不具有基于物理的强度值,通过倍增值表示亮度。它可以模拟家用或办公室灯、舞台和电影工作时使用的灯光设备及太阳光本身。"标准"灯光操作简单，明暗色彩控制方便，但不能真实分布光照强度和衰减距离。

在"创建"命令面板中单击"灯光"按钮，选择该面板的下拉列表栏中选择"标准"选项，即可进入"标准"灯光的创建面板。"标准"灯光包括目标聚光灯、自由聚光灯、目标平行光、自由平行光、泛光、天光6种。

（1）目标聚光灯。聚光灯是从一个点投射聚焦的光束，在系统默认的状态下光束呈锥形（图5-9）。目标聚光灯包含目标和光源两部分，这种光源通常用来模拟舞台的灯光或是马路上的路灯照射效果。目标聚光灯主要参数如下：

1）"常规参数"卷展栏（图5-10）用于控制灯光的启用、灯光类型和阴影类型等内容。

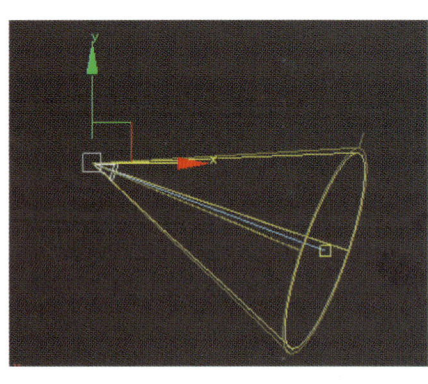

图 5-9   图 5-10

"启用"：灯光类型中的该复选框决定是否启用该灯光。

"阴影"：启用阴影选项组中的"启用"复选框后，当前灯光将投射阴影。选择"使用全局设置"复选框可以使灯光投射阴影的全局设置。

"阴影"选项组的下拉列表栏中提供了"阴影贴图""区域阴影""高级光线跟踪阴影""光线跟踪阴影""mental ray 阴影贴图"5种阴影类型。

"阴影贴图"是一种渲染器在预渲染场景通道时生成的位图，这种阴影质量较差，边缘会产生模糊的阴影。"光线跟踪阴影"是通过跟踪从光源进行采样的光线路径生成的，这种阴影能根据对象的透明程度生成半透明阴影，阴影质量比阴影贴图类型的阴影更精确，并且会始终产生清晰的边界。"高级光线跟踪阴影"与"光线跟踪阴影"基本类似，但是它不能产生半透明阴影。"区域阴影"模拟灯光在区域或体积上生成的阴影，这种阴影能根据对象的距离产生阴影效果，距离对象近的阴影较为清晰，距离对象远的阴影较为模糊。用户还可以对生成区域阴影的方式进行设置，投射阴影区域的形状会更改区域阴影的形状。"mental ray 阴影贴图"类型的阴影通常与 mental ray 渲染器一起使用。如果选中该类型但使用默认扫描线渲染器，在进行渲染时阴影不会显示。

单击"排除"按钮，就会弹出"排除/包含"对话框（图5-11）。在该对话框中可以决定选定的灯光不照亮哪些对象或在无光渲染元素中考虑哪些对象。

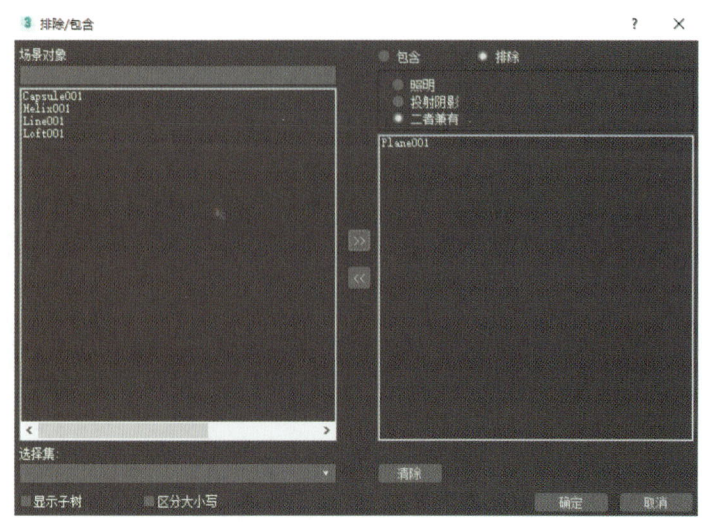

图 5-11

2)"强度/颜色/衰减"卷展栏可以设置灯光的颜色、强度和衰减效果,如图 5-12 所示。

"倍增":该参数用来设置灯光的亮度。右侧的颜色显示窗可以指定灯光的颜色。

"衰退":该选项组可以使远处的灯光强度减少。

"近距衰减":该选项组中的"开始"参数用来设置灯光开始淡入的距离,"结束"参数用来设置灯光达到其全值的距离。"使用"复选框决定是否启用近距衰减,选择"显示"复选框可以在视口中显示近距衰减范围设置。

"远距衰减":该选项组中的"开始"参数设置灯光开始淡出的距离,"结束"参数设置灯光减为 0 的距离。

3)"聚光灯参数"卷展栏用来调整显示形状和衰减,如图 5-13 所示。

"显示光锥":控制是否启用圆锥体的显示。

"泛光化":启用该复选框后,灯光将在各个方向投射灯光,但是投影和阴影只发生在其衰减圆锥体内。

"聚光区/光束":该参数用来调整灯光圆锥体的角度。

"衰减区/区域":该参数用来调整灯光衰减区的角度。

"圆、矩形":确定聚光区和衰减区的形状。

"纵横比":用来设置矩形光束的长宽比。

"位图拟合":通过该按钮可以使纵横比匹配特定的位图。

4)"阴影参数"卷展栏(图 5-14)(除"天光"和"IES 天光"外均具有此卷展栏),该项可以设置阴影颜色和其他常规阴影属性,并且还可以使灯光在大气中投射阴影。

图 5-12 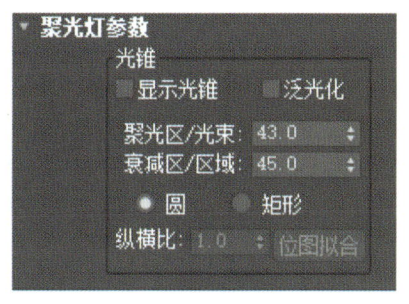　　　　　　　　图 5-13 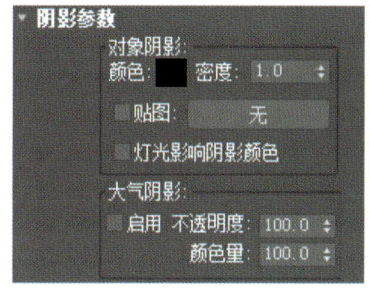　　　　　　　　图 5-14

"颜色"显示窗可以指定灯光投射的阴影的颜色,"密度"参数可以调整阴影的密度。

(2)自由聚光灯。同属于聚光灯的自由聚光灯没有目标点,移动和旋转自由聚光灯可以使其指向任何方向。

(3)目标平行光。目标平行光(图 5-15)类似目标聚光灯,但其照射范围呈圆形和矩形,光线平行发射。这种灯光通常用于模拟太阳光在地球表面上投射的效果。

(4)自由平行光。与目标平行光不同,自由平行光没有目标对象,它也只能通过移动和旋转灯光对象以在任何方向将其指向目标。

(5)泛光。泛光(图 5-16)是从单个光源向各个方向投射光线,一般情况下泛光用于将辅助照明添加到场景中。这种类型的光源常用于模拟灯泡和荧光棒等效果。

(6)天光。天光(图 5-17)可以将光线均匀地分布在对象的表面,并与光跟踪器渲染方式一起使用,从而模拟真实的自然光效果

2."光度学"灯光

"光度学"灯光使用光度学(光能)值的设置精确地定义灯光。它可以真实地模拟各种光照强度分布物理属性,但是操作较为复杂,灯光之间互相影响较大。新版本的 3ds Max "光度学"灯光

包括"目标灯光""自由灯光"及"太阳定位器",如图 5-18 所示。

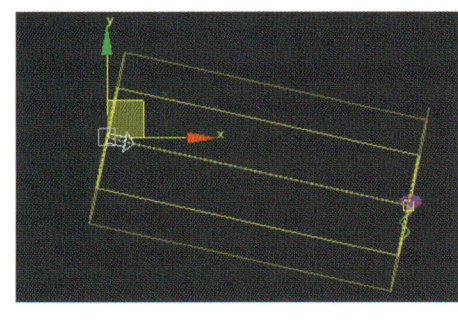

图 5-15 　　　　　图 5-16 　　　　　图 5-17

目标灯光:可以将灯光指向目标子对象(目标点),可以选择球形分布、聚光灯分布及光度学 Web 分布等灯光发散方式。

自由灯光:不具备目标子对象,同样可以选择球形分布、聚光灯分布及光度学 Web 分布等灯光发散方式。

太阳定位器:新的太阳定位器是日光系统的简化替代方案,可为基于物理的现代化渲染器用户提供协调的工作流。

"光度学"灯光的参数设置与标准灯光的参数设置基本相同,下面以目标灯光为例,介绍其主要参数。

(1)"强度 / 颜色 / 衰减"卷展栏可以设置灯光的颜色和强度,如图 5-19 所示。

"颜色":该选项组的下拉列表栏有许多灯光规格供选择。当选择"开尔文"按钮后,可以通过调整色温参数来设置灯光的颜色。"过滤颜色"显示窗的颜色用来模拟置于光源上的过滤颜色效果。

"强度":该选项组能在物理数量的基础上指定光度学灯光和强度或亮度。在该选项组中有 3 种计算灯光的强度,lm 测量整个灯光的输出功率,cd 可以沿向目标方向测量灯光的最大发光强度,lx 测量被灯光照亮的表面面向光源方向上的照明度。

(2)"图形 / 区域阴影"卷展栏中"从(图形)发射光线"可以设置灯光光线的发射图形形状,图 5-20 所示为图形为矩形的球形分布灯光。

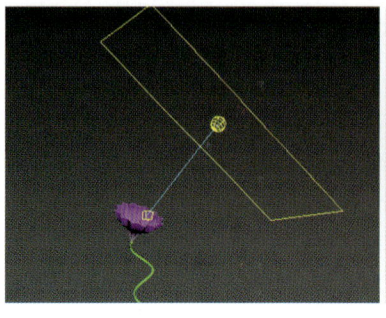

图 5-18

图 5-19

图 5-20

3. "Arnold" 灯光

"Arnold" 灯光可以选择多种形状（type），通过强度（intensity）值控制灯光强弱。

※ 课中实训——任务解析

一、实训指导

（1）通过"置换"修改器制作出礁石；海面凹凸效果通过材质贴图表现；运用多边形建模操作完成灯塔制作；利用目标平行光模拟太阳光；通过环境和效果表现光晕及雾气效果。

（2）场景布光方法。在布光时，经常会用三点布光法，即创建3盏或3盏以上的灯光，分别作为场景的主光源、辅助光、背景光和装饰灯光。该布光方法可以从几个重要角度照亮物体，从而明确地表现出场景的主体和所要表达的气氛。为场景布光时需要注意以下几点：

1）灯光的创建顺序：创建灯光时要有一定的顺序，通常先创建主光源，再创建辅助光，最后创建背景光和装饰灯光。

2）灯光强度的层次性：设置灯光强度时要有层次性，以体现出场景的明暗分布，通常情况下，主光源强度最大，辅助光次之，背景光和装饰灯光强度最弱。

3）场景中灯光的数量：场景中灯光的数量宜精不宜多，灯光越多，场景的显示和渲染速度越慢。

二、礁石及海面模型制作主要参考步骤

（1）在顶视图创建一个5 000 mm×5 000 mm的平面，命名为礁石，分段设置为300 mm×300 mm。

（2）在修改面板中为其添加"置换修改"命令，单击参数栏中的"位图"按钮，为其添加"黑白-礁石.jpg"图像，设置强度值为1 000。选择置换中的Gizmo选项，运用"移动"和"缩放"工具调整礁石显示效果（也可以通过修改置换参数中的长宽值进行大小的修改），调整好后单击Display退出子层级。礁石参数和效果如图5-21所示。

小提示： "置换"修改器可以将一个图像映射到物体表面，对物体表面产生凹凸的效果。其中，图像白色的部分将突起，黑色的部分将凹陷，灰色部分根据颜色深浅显示不同高度。因此置换所用贴图最好为黑白图像。

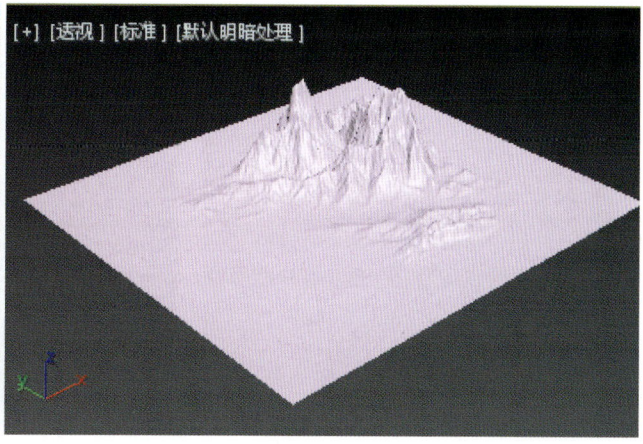

图 5-21

（3）在顶视图创建一个 20 000 mm×20 000 mm 的平面，命名为海面，分段设置为 300 mm×300 mm。

三、灯塔模型制作主要参考步骤

（1）在顶视图创建一个圆柱体，命名为"灯塔底座"，设置参数为半径：600 mm；高度：300 mm；高度分段：1；边数：8。

（2）将其转换为可编辑多边形，按 4 键选中多边形层级，选中上底面，执行"编辑多边形"→"插入"命令，在上底面拖动鼠标插入一个多边形，单击"插入"按钮取消选择，效果如图 5-22 所示。

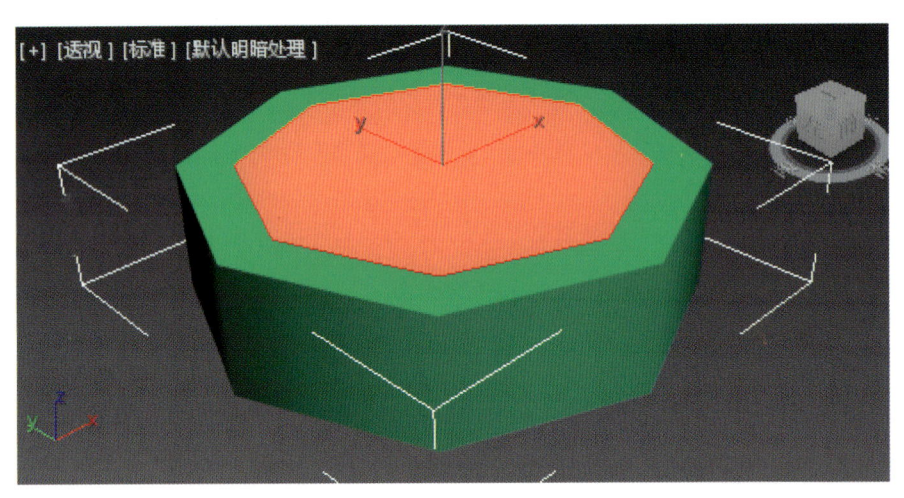

图 5-22

（3）选中插入的小多边形，单击"编辑多边形"倒角后的小按钮，设置倒角数值为 3 000.0，-100.0，单击"确认"按钮，倒角值及倒角后效果如图 5-23 所示。

（4）退出可编辑多边形，在顶视图创建一个 250 mm×400 mm 的圆柱，边数为 8，为其添加"晶格修改"命令，支柱和节点半径均设置为 20 mm，摆放在灯塔底座顶端。

（5）在顶视图继续创建一个 350 mm×250 mm 的圆柱，边数为 8，将其转换为可编辑多边形，选中上底面用缩放工具进行缩放，退出可编辑多边形。

（6）创建一大一小两个球体，分别放置在塔顶及塔尖，灯塔顶部效果如图 5-24 所示。

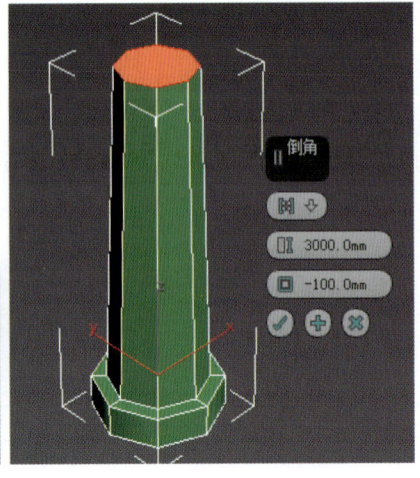

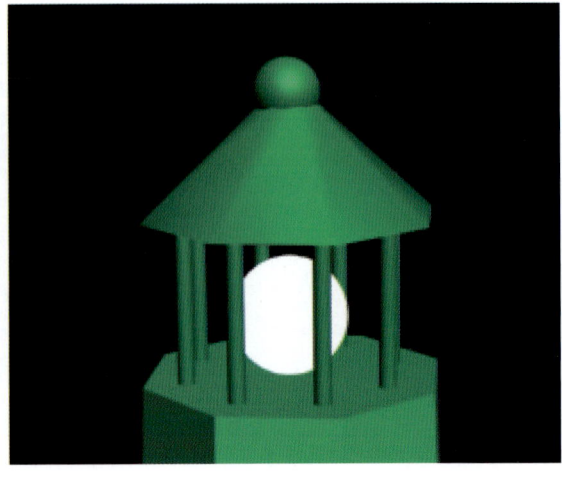

图 5-23　　　　　　　　　　图 5-24

四、材质制作主要参考步骤

1. 礁石材质制作

（1）使用默认扫描线渲染器，按 M 键打开材质编辑器，选择一个空样本球，命名为"礁石材质"，单击"Standard"按钮选择混合，设置为混合类型材质。在混合材质参数单击材质1，进入材质1子材质中，按照标准材质的设置方法为其添加礁石贴图，设置高光级别和光泽度分别为15和10。打开"贴图"卷展栏，鼠标右键单击漫反射通道后的贴图进行复制，将其实例粘贴至"凹凸贴图通道"后的按钮上，设置凹凸参数为80，设置好后单击材质编辑器快捷工具栏中的"转到父对象"返回混合材质设置界面。

（2）使用同样的方法，为材质2设置绿草材质。返回混合材质界面后勾选"使用曲线"复选框，调整上部值为1.0，调整绿色部分区域。

（3）单击遮罩后按钮，为其添加置换中所使用的"黑白-礁石.jpg"图像，礁石材质主要参数及效果如图 5-25 所示。

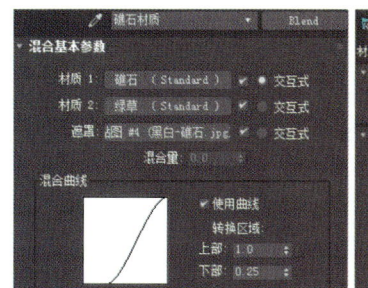

图 5-25

2. 海水材质制作

（1）选择一个空样本球，将其明暗器基本参数设置为 Phong，将漫反射颜色设置为 RGB（60.155.160），将高光级别和光泽度分别设置为 160、63。

（2）勾选"贴图"卷展栏中的"凹凸及反射通道"复选框，为反射通道添加光线跟踪贴图；设置凹凸值为50，为凹凸通道添加噪波贴图，设置"噪波参数"：噪波类型为湍流、大小为40.0。海水材质参数如图 5-26 所示。

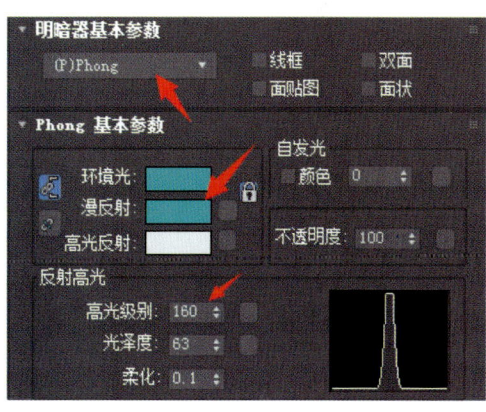

图 5-26

3. 灯塔材质制作

（1）塔身：按 M 键打开材质编辑器，选择一个空样本球，命名为"塔身材质"，为漫反射通道添加棋盘格贴图，设置棋盘格颜色为白色和红色，瓷砖数为 5.0 和 0.0，选择 VW 方向，将该材质指定给塔身模型，棋盘格参数如图 5-27 所示。

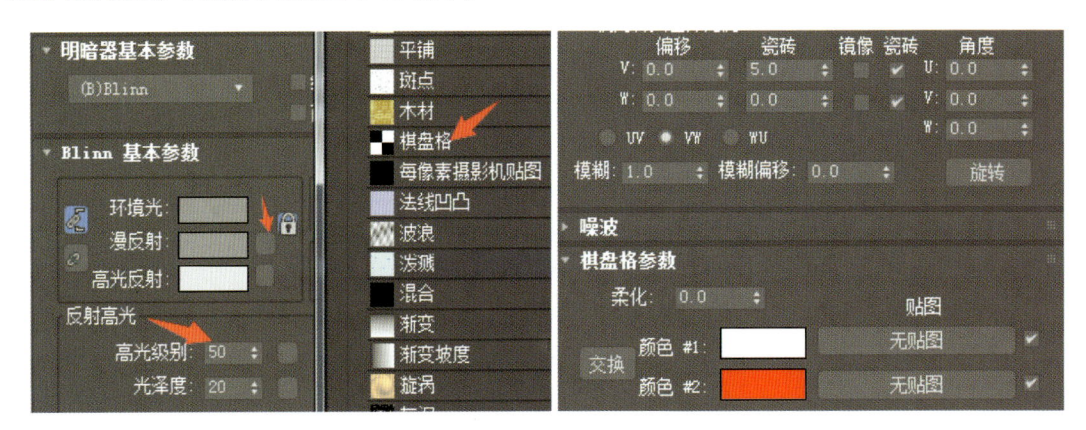

图 5-27

此时基本操作贴图显示不正确，为塔身添加"UVW 修改"命令，设置贴图为柱形，单击"适配"按钮。

（2）灯：塔顶大球材质勾选"自发光"复选框，颜色设置为白色即可。

制作一红一白两个材质球，高光和光泽度分别为 30、10，指定给其余对象，灯塔效果如图 5-28 所示。

图 5-28

五、灯光和摄影机的设置

（1）摄影机：在顶视图创建一个目标摄影机，调整摄影机及目标点位置，单击透视视图按 C 键将其转换为摄影机视图，按 Shift+F 组合键打开摄影机安全框，效果如图 5-29 所示。

（2）灯光制作：本案例场景中共设置两盏灯进行场景照明：一盏模拟太阳光；另外一盏作为辅助光。

（3）选择创建面板中的"灯光"按钮，创建一个目标平行光 1 模拟太阳光，目标平行光 1 位置如图 5-30 所示，参数如图 5-31 所示。

（4）在场景中再创建一盏目标平行光 2，修改倍增值为 0.35，修改"平行光参数"卷展栏中聚光区和衰减区值为 3 000 mm、6 000 mm，其他参数与平行光 1 相同，目标平行光 2 位置如图 5-32 所示。

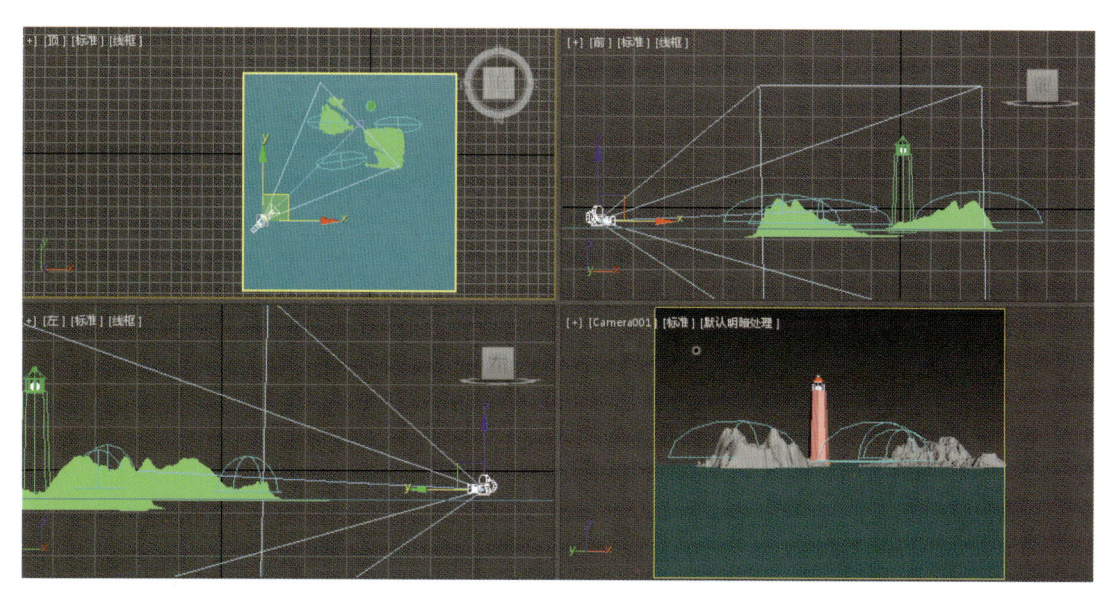

图 5-29

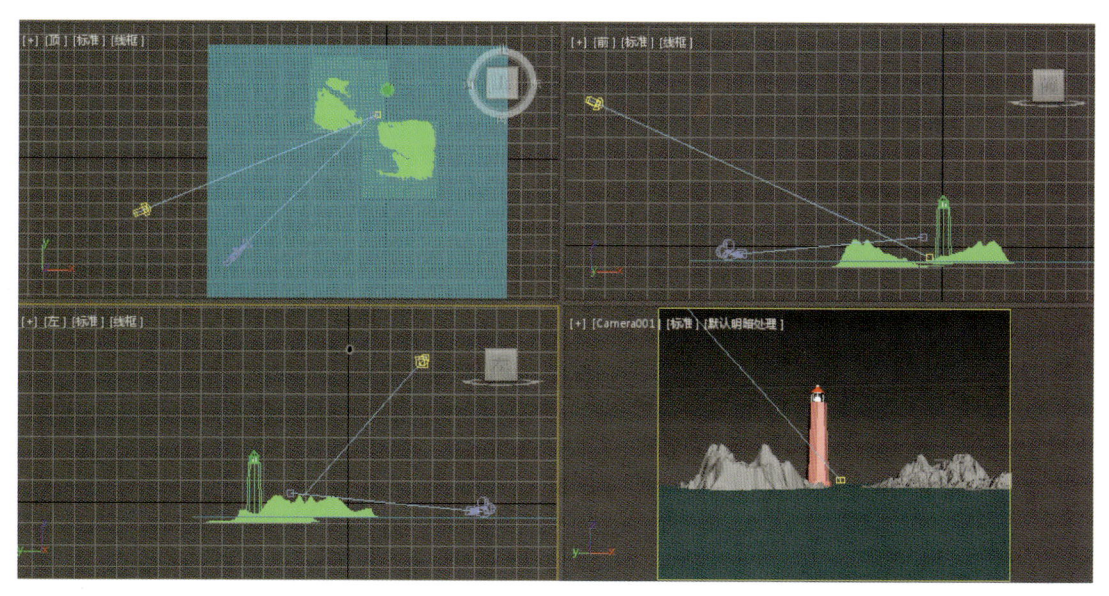

图 5-30

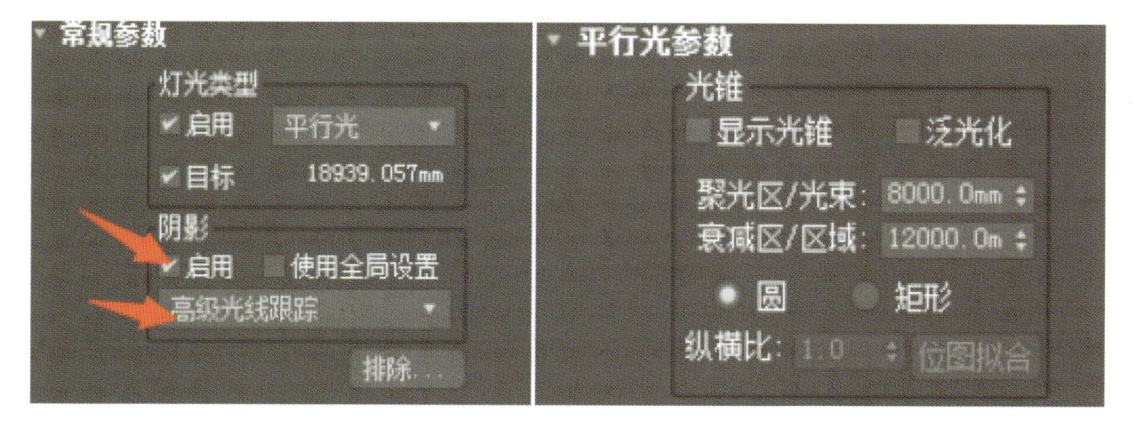

图 5-31

图 5-32

六、环境及效果设置主要参考步骤

（1）环境背景：执行"渲染"菜单→"环境"命令（快捷键8），将弹出"环境和效果"对话框，给环境贴图添加一张"sky.jpg"贴图，按M键打开材质编辑器，将天空贴图拖到一个空样本球上，修改贴图模式为屏幕，通过偏移参数值可以调整贴图的显示。

（2）雾气效果——大气装置：单击选择"创建"面板中的"辅助对象"按钮，选择大气装置，在顶视图中创建一个"半径"为500 mm的球体Gizmo，勾选"半球"复选框。运用"缩放"工具将其修改为椭圆形。

（3）选择创建的大气装置，按8键打开"环境和效果"对话框，选择"大气"卷展栏的"添加"按钮，在弹出的对话框中执行"体积雾"命令，单击"确定"按钮。在"体积雾参数"卷展栏中单击"拾取Gizmo"按钮 拾取 Gizmo，拾取创建好的大气装置，设置体积雾参数及效果如图5-33所示，将大气装置复制两份，修改大小及参数中相位值后摆放在合适的位置。

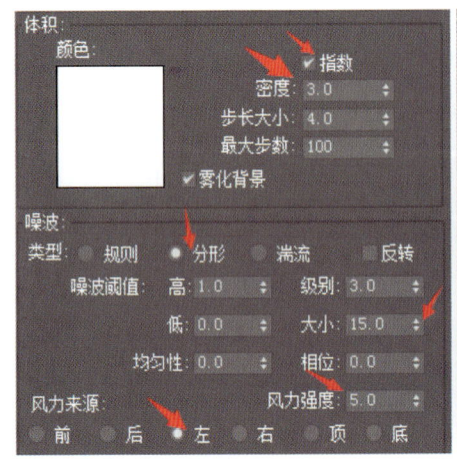

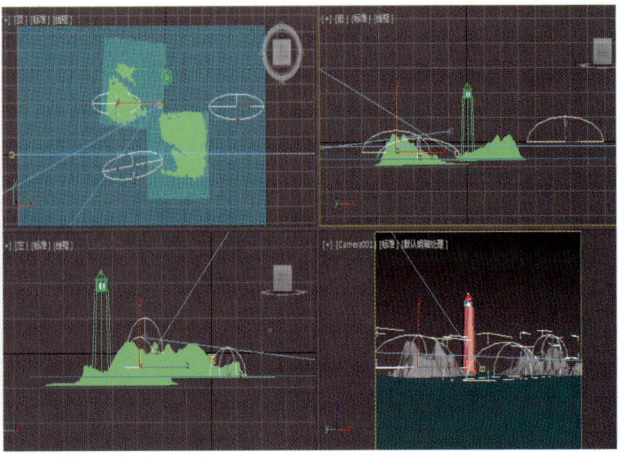

图 5-33

（4）镜头光晕效果：选择创建面板中的，执行"标准"→"泛光灯"命令，在场景中合适的位置创建一盏泛光灯，进入"修改"面板，单击"常规参数"卷展栏中的"排除"按钮，将弹出图5-34所示的"排除"对话框，将左侧4个对象全部选中，单击 >> 按钮添加，排除泛光灯对这些对象的照明和阴影影响。

（5）执行"渲染"菜单→"效果"命令，弹出"效果"对话框，单击"添加"按钮后选择镜头效果，单击"确定"按钮进行添加。选择添加上的镜头效果，在"镜头效果参数"卷展栏中将"光晕""光环""射线""自动二级光斑""星形"单击 > 按钮依次进行添加。在"镜头效果全局"卷展栏中单击"拾取灯光"，然后单击场景中的泛光灯，镜头效果参数如图5-35所示，适当调整光环和星形大小及强度参数。

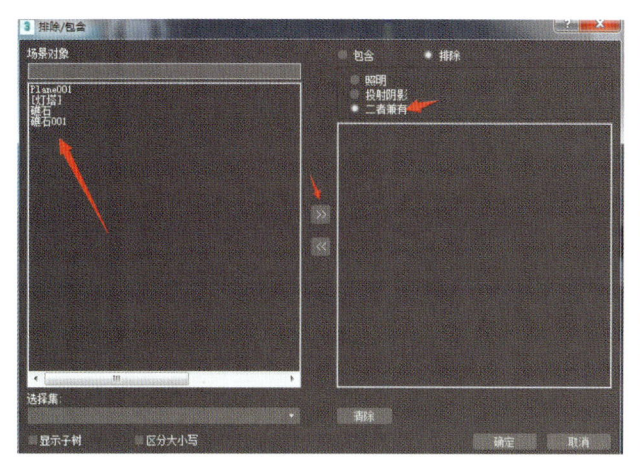

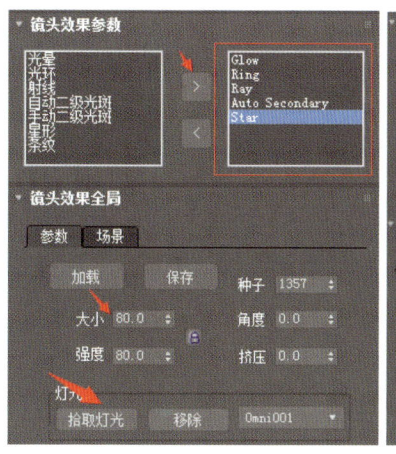

图 5-34

图 5-35

（6）添加环境和效果后，渲染效果如图5-36所示。

图 5-36

七、动画设置

（1）动画时间设置：单击时间轴下方的 按钮，将弹出"时间配置"对话框，在该对话框中设置"帧速率"为PAL制式，结束时间设置为200，单击"确定"按钮。

（2）海水材质动画制作：单击"自动关键点"按钮，将时间滑块拖动到 200 帧处，按 M 键打开材质编辑器，选择海面材质，进入凹凸值贴图通道，更改凹凸的 Z 轴偏移值为 2 000，相位为 1，关闭材质编辑器，完成海水波动动画制作。

（3）雾位移动画制作：保持时间滑块位置不变，使用"移动"工具将场景中的大气装置变换位置，完成雾位移动画制作。

（4）摄影机动画制作：保持自动关键点打开状态，在 50、100、150、200 帧处分别移动摄影机及目标点的位置，关闭自动关键点，完成动画制作。

（5）渲染输出设置：执行"渲染"→"渲染设置"命令（快捷键 F10，快捷工具图标 ），在弹出的"渲染设置"对话框中，使用扫描线渲染器，设置公用参数中选择"活动时间段"，将"输出大小"选择成 800×600 像素。在"渲染输出"中单击"文件"按钮，设置保存位置，将文件命名为"海边风景"，保存文件格式为"AVI 格式"，单击"渲染"按钮进行渲染，渲染结束后将在目标位置生成视频文件。

※ 课后拓展

渲染器

渲染是对场景进行着色的过程，它通过复杂的运算，将虚拟的三维场景投射到二维平面上，在这个过程中需要对渲染器进行复杂的设置。

渲染场景的引擎有很多种，如 Arnold 渲染器、V-Ray 渲染器、Renderman 渲染器、mental ray 渲染器、Brazil 渲染器、FinalRender 渲染器、Maxwell 渲染器和 OC 渲染器、Lightscape 渲染器等。

3ds Max 自带的渲染器有 Arnold 渲染器、Quicksilver 硬件渲染器、VUE 文件渲染器和扫描线渲染器。在自行安装好 V-Ray 渲染器之后也可以使用 V-Ray 渲染器来渲染场景，如图 5-37 所示。

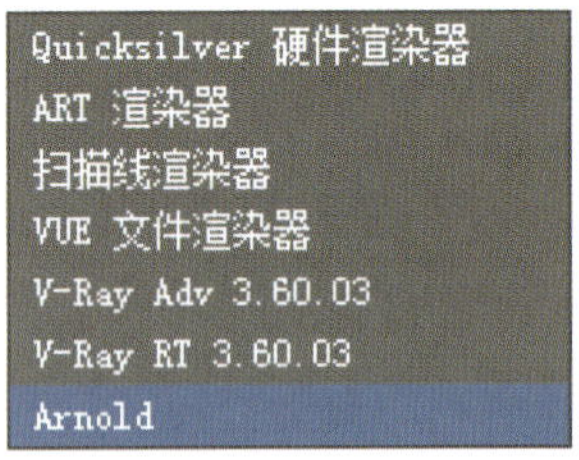

图 5-37

1. 扫描线渲染器

扫描线渲染器是一款多功能渲染器，可以将场景渲染为从上到下生成的一系列扫描线，这种渲染器的渲染速度特别快，但是渲染功能不强。

2.Arnold 渲染器

Arnold 是高级跨平台渲染库或 API。它是作为基于照片的逼真，基于物理的光线跟踪开发的，可替代传统的基于 CG 的、基于扫描线的渲染软件。

从 3ds Max 开始，Arnold 已成为标准内置全局光渲染器，其中文名为阿诺德。我们可以使用 Arnold 的物理材质，也可以尝试创建 Arnold 灯光。

3.V-Ray 渲染器

V-Ray 渲染器是保加利亚的 Chaos Group 公司开发的一款高质量渲染引擎，主要以插件的形式应用在 3ds Max、Maya、SketchUp 等软件中。由于 V-Ray 渲染器可以真实地模拟现实光照，并且操作简单，可控性也很强，V-Ray 的渲染速度与渲染质量比较均衡，被广泛应用于建筑表现、工业设计和动画制作等领域。

4.OC 渲染器

OC 渲染器最初是集成在 C4D 上面的插件式渲染器，目前在 3D 软件中的使用也非常多。它拥有和 V-Ray 一样的全独立式功能，包括专用的材质、灯光、摄像机和 HDR 布光技术等。

随着技术的发展，渲染器也在不断推陈出新，我们需要通过不断的学习来掌握新技术和新方法。

实训任务二　宣传动画制作

任务清单 2　宣传动画制作

项目名称	任务清单内容
任务导入	大学是知识的海洋，学生在这里学习知识和技能，提升素质和能力，为自己所追求的梦想而努力。通过前面的学习，我们已经具备了基本的建模能力及动画制作能力。在本案例中，我们将根据用户需求运用 3ds Max 内置的粒子系统完成一个宣传动画的制作。在宣传动画（图5-38）中运用粒子动画及关键帧动画展示学校校训，充分体现出学校的办学理念和文化精神。 图 5-38
任务目标	1. 掌握粒子流的创建方法及主要参数作用。 2. 掌握几何体可见性动画的设置方法。 3. 进一步培养商业动画的设计和制作能力
工作标准	1. 模型精度控制合理，在保证视觉效果前提下减少面数及材质数量。 2. 模型材质质感真实，环境效果设置正确，动画流畅
任务思考	1. 如何设置几何体的可见性动画？ 2. 粒子流中的材质可以通过哪些操作符设置
任务评价	评价标准 / 自我评价 / 学生互评 / 教师评价 / 企业评价 模型精度合理、视觉效果好（40分） 环境效果及材质表现精细（40分） 渲染设置正确，动画效果佳（20分） 总评（权重后综合得分）

※ 课前学习——知识准备

一、非事件驱动粒子系统

1. 3ds Max 的粒子系统

粒子系统用于制作各种动画，需要为大量的小型对象设置动画时常会使用粒子系统，如创建暴风雪、水流或爆炸。

3ds Max 提供了两种不同类型的粒子系统：事件驱动型和非事件驱动型。事件驱动粒子系统，又称为粒子流，它测试粒子属性，并根据测试结果将其发送给不同的事件。粒子位于事件中时，每个事件都指定粒子的不同属性和行为。非事件驱动的粒子系统为随时间生成粒子子对象提供了相对简单直接的方法，可以模拟雪、雨、尘埃等效果。3ds Max 提供了 6 个内置非事件驱动粒子系统，即喷射、雪、超级喷射、暴风雪、粒子阵列和粒子云。

粒子系统可以涉及大量实体，需要经过复杂计算。因此，将它们用于高级模拟时，对计算机的 CPU、内存及图形卡都有一定的要求，预览时可以通过减少系统中的粒子数、实施缓存或采用其他方法来优化性能。

通过执行"创建"面板→"几何体"→"粒子系统"命令，可以创建图 5-39 所示的粒子系统。

2. 创建粒子系统的基本步骤

（1）创建粒子发射器。所有粒子系统均需要发射器。有些粒子系统使用粒子系统图标作为发射器，而有些粒子系统使用从场景中选择的对象作为发射器。

（2）确定粒子数。设置出生速率和年龄等参数以控制在指定时间可以存在的粒子数。

（3）设置粒子的形状和大小。可以从许多标准的粒子类型（包括变形球）中选择，也可以选择要作为粒子发射的对象。

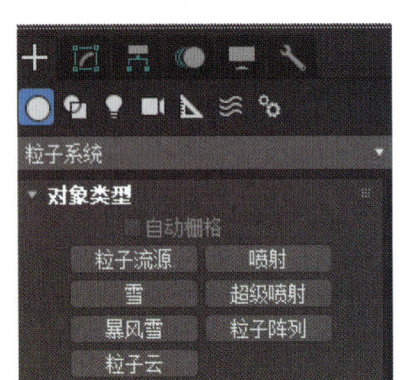

图 5-39

（4）设置初始粒子运动。可以设置粒子在离开发射器时的速度、方向、旋转和随机性。发射器的动画也会影响粒子。

（5）修改粒子运动。可以通过将粒子系统绑定到"力"组中的某个空间扭曲（如"路径跟随"），进一步修改粒子在离开发射器后的运动，也可以使粒子从"导向板"空间扭曲组中的某个导向板（如"全导向器"）反弹。

3."喷射""雪""超级喷射"和"暴风雪"粒子系统

"喷射"粒子系统可通过发射垂直的粒子流，模拟下雨和喷水等效果。

"雪"粒子系统与"喷射"粒子系统相似，不同之处是"雪"粒子离开发射源后的方向不是恒定的，因此，常用来模拟降雪或飘落的纸片等效果。

"超级喷射"粒子系统与"喷射"粒子系统作用相似，但功能更为强大，配合重力空间扭曲，常用于模拟喷泉、烟花、瀑布和喷火等效果。

"暴风雪"粒子系统是从一个平面向外发射粒子，粒子在落下时将不断翻滚、旋转，常用于模拟火星迸射、开水沸腾和烟雾升腾等效果。

接下来，通过下雨动画的制作来掌握喷射的用法。

（1）单击"创建"面板，选择几何体下拉列表中的粒子系统，单击喷射，在顶视图中拖拽，创建一个发射器大小为 1 000 mm × 1 000 mm 的喷射，调整位置及方向。

（2）单击进入"修改"面板，设置喷射参数如图 5-40 所示："视口计数"为 1 000，"渲染计数"为 2 000，"水滴大小"为 8，"速度"为 10，"变化"为 0.6，方式设置为水滴。渲染的方式设置为"四面体"。设置计时的开始为 -50，寿命为 100，单击"播放动画"按钮预览动画效果。

（3）为场景添加一张风景背景贴图。

（4）打开材质编辑器，选择一个空样本球为粒子系统设置材质，将漫反射颜色设置为白色，自发光：200，不透明度为 50，为不透明度贴图通道添加渐变贴图，调整颜色 2 位置为 0.2，下雨效果如图 5-41 所示。

图 5-40　　　　　　　　　　　　　　　　　图 5-41

（5）选择创建的喷射，单击鼠标右键，在快捷菜单中选择"对象属性"选项，在图 5-42 所示的对话框中，勾选"启用"，将运动模糊设置为"对象"，进行动画的渲染输出即可。

4. "粒子阵列"粒子系统

"粒子阵列"粒子系统可以将指定的物体作为粒子，它可以将粒子分布在几何体对象上，也可以用于创建复杂的对象爆炸效果。

5. "粒子云"粒子系统

图 5-42

"粒子云"粒子系统可以用于创建类似体积雾效果的粒子群，并且可以将粒子限制在选定的范围中，常用于模拟鱼群和鸟群等规则运动的效果。

二、事件驱动粒子系统——粒子流

粒子流是一种多功能且强大的 3ds Max 粒子系统。它使用图 5-43 所示的"粒子视图"对话框来使用事件驱动模型。在"粒子视图"对话框中，可将一定时期内描述粒子属性（如形状、速度、方向和旋转）的单独操作符合并到事件的组中。每个操作符都提供一组参数，其中多数参数可以设置动画，以更改事件期间的粒子行为。随着事件的发生，"粒子流"会不断地计算列表中的每个操作符，并相应更新粒子系统。

要实现更多粒子属性和行为更改，可以创建流。此流使用测试将粒子从一个事件发送至另一个事件，可用于将事件以串联的方式关联在一起。

粒子视图中第一个事件称为全局事件，它包含的任何操作符都能影响整个粒子系统。全局事件总是与"粒子流"图标的名称一样，默认为"粒子流源 + 编号"。跟随其后的是出生事件，如果系统要生成粒子，它必须包含"出生"操作符。我们可以根据需要添加任意数量的后续事件，出生事件和附加事件统称为局部事件。局部事件的动作通常只影响当前处于事件中的粒子。

操作符存放于仓库中，"出生和消亡"操作符用于创建新粒子和清除不再需要的粒子。"显示"操作符，用于确定粒子在视口中如何显示；"图形"操作符控制粒子的显示外观。"渲染"用于指定渲染时间特性。

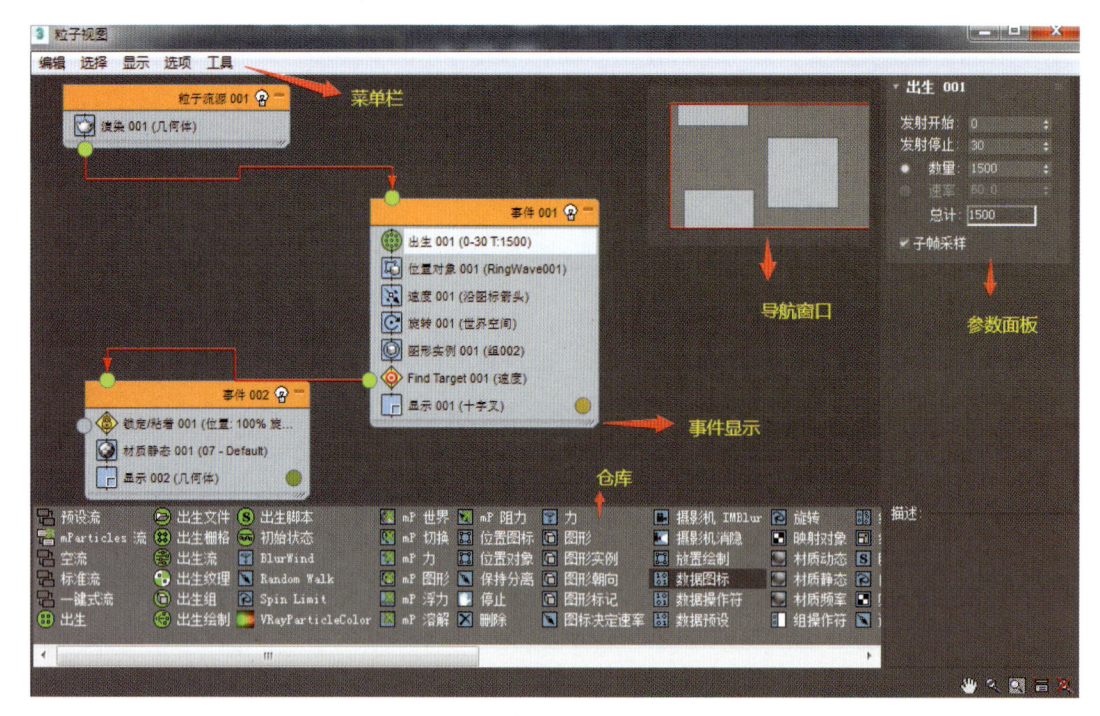

图 5-43

粒子流中的测试的图标均为黄色菱形，测试的基本功能是确定粒子是否满足一个或多个条件，如果满足，使粒子可以发送给另一个事件。如果没有将测试与另一个事件关联，则只能作为操作符使用，测试部分不影响粒子流。

※ 课中实训——任务解析

一、实训指导

运用服装生成器及"壳"修改器制作文字模型；利用粒子流制作粒子动画，在粒子视图中进行事件设置，创建和修改"粒子流"中的粒子系统。案例中粒子系统包含两个相互关联的事件，每个事件中包含了多个操作符和测试。

二、文字等模型制作主要参考步骤

（1）创建文字作为粒子汇聚目标：在前视图执行"创建"面板→"图形"→"样条线"→"文本"命令，创建一个文本：SDWS，字体：微软雅黑 Bold，大小为 2 000 mm，字间距 200 mm。

（2）进入"修改"面板，为文本添加"服装生成器"修改命令 ●▶服装生成器 ，设置密度为 0.3。继续添加"壳"修改命令，外部量为 100 mm，分段为 4。设置好后用鼠标右键单击文字模型将其转换为"可编辑多边形"，文字模型效果如图 5-44 所示。

小提示： 为文字添加"服装生成器"的目的是将文字转换为平面的同时，在其表面添加足够多的边线，通过设置密度值可以改变边线数量。"壳"修改命令在使用时，可以通过分段数增加边线。

图 5-44

（3）创建环形波作为粒子生成对象：执行"创建"面板→"几何体"→"扩展基本体"→"环形波"命令，在顶视图创建一个环形波，修改其参数：半径为 5 000 mm、径向分段为 5、环形宽度为 1 000 mm、边数为 200 mm，为其添加"噪波"修改器，设置 Z 轴强度为 500 mm。将环形波转换为"可编辑多边形"。

（4）创建文字组作为粒子显示效果：在前视图创建"中"文本，字体：微软雅黑 Bold，大小为 400 mm，为其添加"挤出"修改命令，挤出数量为 10 mm，按住 Shift 键将中字复制 7 个，依次修改文本内容，文本内容为"中西合璧 知行合一"。将 8 个文字全部选中，成组，组名默认为"组 001"。

（5）创建一个平面作为背景：在前视图创建一个 30 000 mm×30 000 mm 的平面作为背景，摆放在文字后面。

（6）再创建一组倒角文字，命名为校训，内容为"中西合璧 知行合一"，字体大小为 2 000 mm，倒角值及文字显示效果如图 5-45 所示。

图 5-45

三、粒子流部分主要参考步骤

（1）执行"创建"面板→"几何体"→"粒子系统"→"粒子流源"命令，在顶视图拖动创建一个粒子流，徽标大小 1 000 mm，长宽值 1 000 mm×1 000 mm。

（2）选中视口中的粒子流图标，进入"修改"面板，单击设置中的"粒子视图"按钮，打开"粒子视图"对话框。

（3）删除粒子视图中事件 001 的位置图标和形状两项，在下方列表中将位置对象、图形实例、Find Target（查找目标）等操作符分别拖动添加到事件 001 中，事件效果如图 5-46 所示。

图 5-46

(4)分别修改事件 001 各操作符参数，出生 001：将发射停止设置为 30、数量为 1 500；位置对象：单击"添加"按钮选择环形波、位置中的"所有顶点"速度设置为 –3 500；旋转："方向矩阵"→"世界空间"X：90；图形实例：将"粒子几何体对象"设置为"组 001"、勾选"组成员"复选框、将"变化"设置为 50%；Find Target：由速度控制、"速度"设为 2 000、"加速度控制"设为 3 500、"目标"设为网格对象、将 Text001（SDWS）添加为对象、停靠方向设为曲面法线；显示 001 设为几何体。事件 001 部分参数如图 5-47 所示。

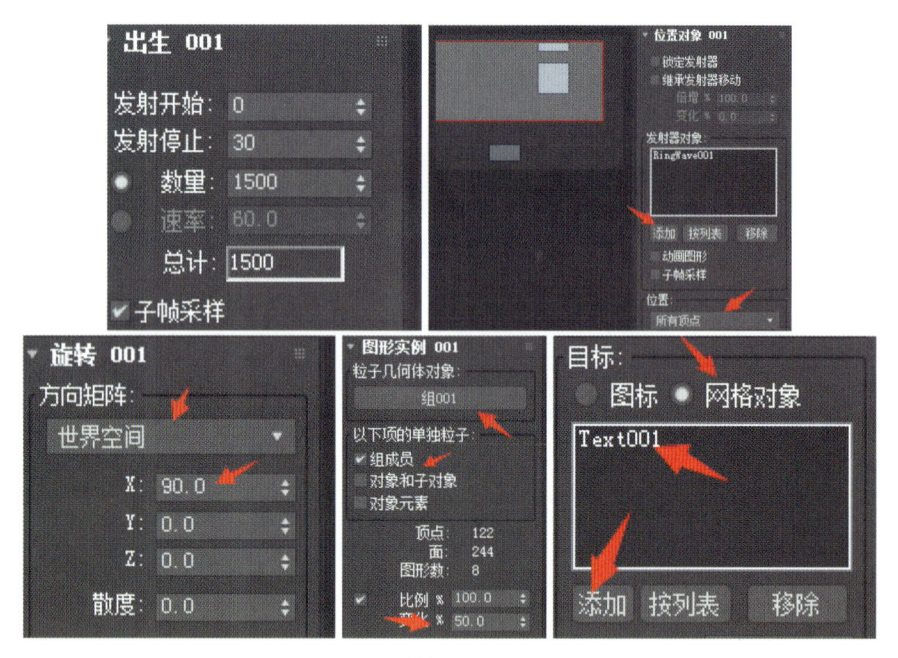

图 5-47

(5)在粒子视图下方列表中选择"锁定/粘着"操作符，将其拖动到粒子视图窗口空白处，生成事件 002，在参数列表中执行"材质静态"命令拖动到事件 002 显示上方。将事件 001 的 Find Target 输出与事件 002 的输入端口连接，事件 002 效果如图 5-48 所示。

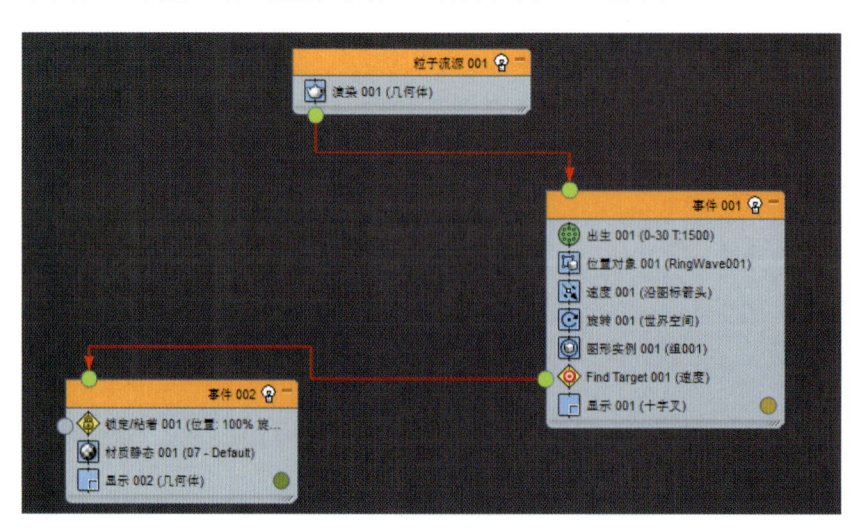

图 5-48

(6)设置"锁定/粘着"中锁定对象为 Text001（SDWS），"材质静态"选择示例窗中的文字（在材质编辑器中自行制作，参数参照材质制作部分），设置"显示 002"为几何体，关闭粒子视图窗口。事件002操作符参数如图5-49所示。

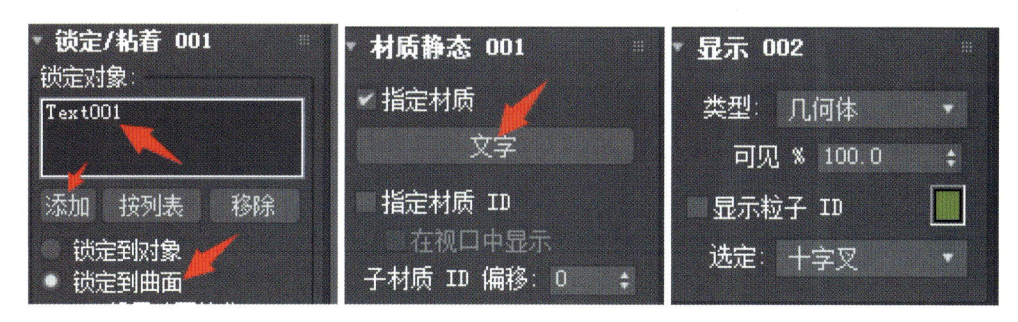

图 5-49

（7）在顶视图选中Find Target球形图标，使用"缩放"工具将其大小缩放至与SDWS文字一致，Find Target目标点图标如图5-50所示。

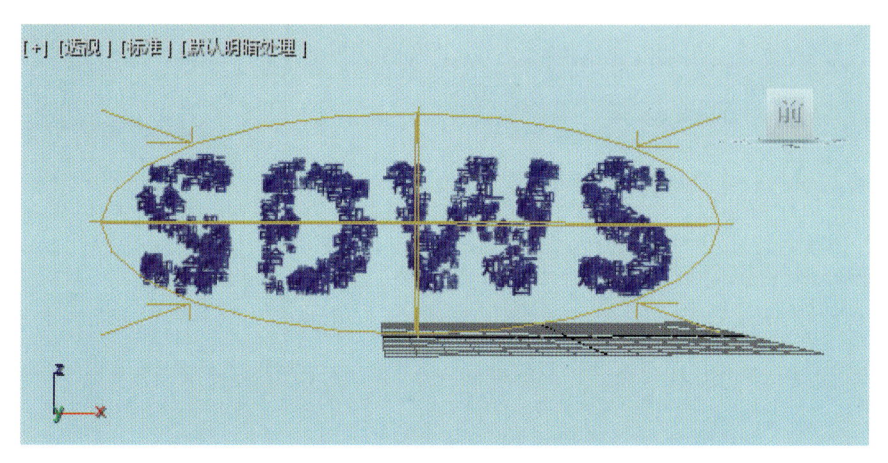

图 5-50

（8）打开时间配置对话框，设置帧速率为PAL制式，时长为300帧，拖动时间滑块观察粒子动画效果，各项参数可以根据效果进行调整。

小提示： 预览动画效果还可以通过执行"工具"菜单→"预览抓取视口"→"创建预览动画"命令（快捷键Shift+V）打开生成预览对话框进行创建，在对话框中可以将"按视图预览"设置为标准，这样不容易出现噪点。

四、材质、灯光、摄影机制作

（1）文字材质制作：使用默认扫描线渲染器，按M键打开材质编辑器，选择一个空样本球，命名为"文字"，更改明暗器基本参数为金属，漫反射颜色设置为RGB（80，50，200），高光级别和光泽度分别为60、70，"扩展参数"卷展栏中衰减数量为25，在"贴图"卷展栏中为漫反射通道添加一张"HDR_s600.jpg"贴图，将"漫反射颜色"修改为50，勾选"反射通道"复选框，将漫反射后贴图实例复制给反射通道（图5-51），将文字材质指定给"中西合璧 知行合一"文字组。

图 5-51

（2）背景材质制作：选择一个空样本球，将其命名为"背景"，将"漫反射颜色"设置为RGB（192，226，226），高光级别和光泽度分别为25、40，将材质指定给背景平面。

（3）金色材质制作：选择一个空样本球，命名为"金色材质"，更改明暗器基本参数为金属，将"漫反射颜色"设置为RGB（170，120，0），高光级别和光泽度分别为160、80，勾选"反射通道"复选框，为反射通道添加贴图→通用→光线跟踪贴图，将材质指定给校训文字。

（4）创建灯光及摄影机：在顶视图SDWS左前方和右上方创建两盏泛光灯。在顶视图选中创建一个目标摄影机，摄影机及泛光灯位置如图5-52所示。

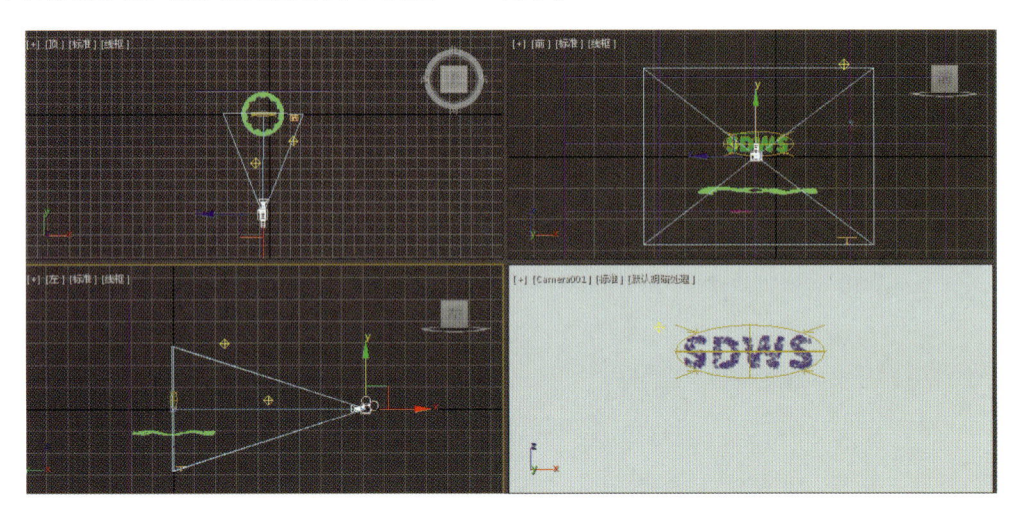

图 5-52

（5）按C键将透视视图转换为摄影机视图。修改左前方泛光灯和右上方泛光灯，设置参数如图5-53所示。

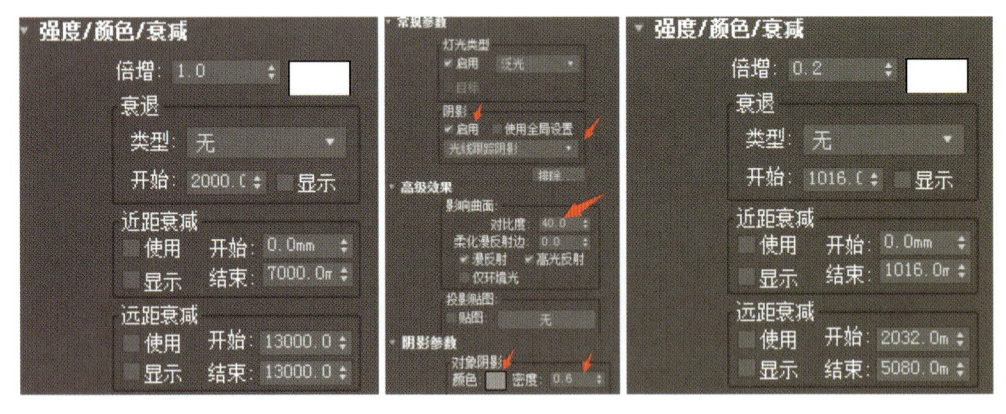

图 5-53

（6）将场景中Text001（SDWS）、环形波、文字组001选中，鼠标右键单击选择对象属性，在弹出的对话框中将可见性设置为0，三个模型将全部不可见。

五、可见性动画制作及渲染输出

（1）打开自动关键点，将时间滑块拖动到0帧处，选中校训文字，鼠标右键单击选择对象属性，在弹出的对话框中将可见性设置为0；将时间滑块拖动到220帧处，将可见性设置为1；将时间滑块拖动到160帧处，将可见性设置为0。

（2）按F10键打开的"渲染设置"对话框，使用扫描线渲染器，设置公用参数中选择"活动时间段"，"输出大小"选择成800×600像素。在"渲染输出"中单击"文件"按钮，设置保存位置，将文件命名为"片头动画"，保存文件格式为AVI格式，单击"渲染"按钮进行渲染，渲染结束后将在目标位置生成视频文件。

※ 课后拓展

布料修改器

在场景建模时，常常会需要制作旗帜、床单、桌布等布料，3ds Max为我们提供了专门制作布料的工具，其中比较常用的就是Cloth（布料）修改器，例如，制作桌布效果流程如下：

（1）创建桌面，上方摆放茶壶，桌子正上方创建一个平面，分段要足够。

（2）为平面添加"Cloth（布料）"修改器。打开"对象属性"对话框，将平面设置为布料，预设选择一种布料类型。

（3）单击"添加对象"按钮，将桌子及茶壶添加为冲突对象，并根据效果调整参数。其中，"深度"用于设置布料对象的冲突深度。"补偿"用于设置在布料对象和冲突对象之间保持的距离，如图5-54所示。

（4）在"布料"修改器参数中单击"模拟"按钮，将生成模拟动画，"重设状态"可返回第一帧，"消除模拟"可以删除模拟动画，如图5-55所示。

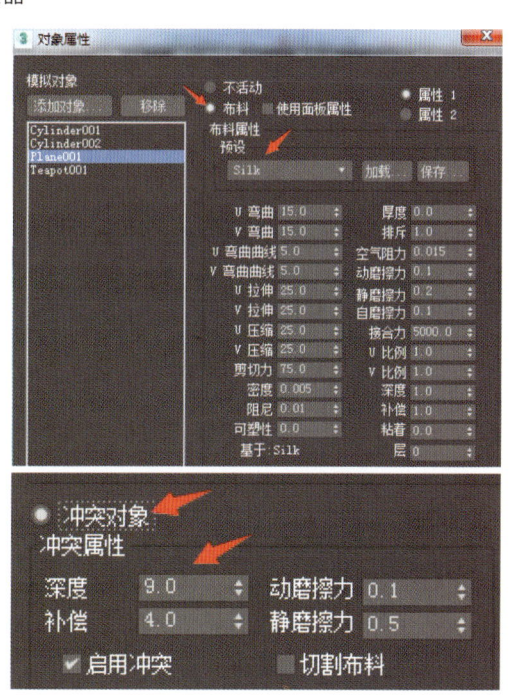

图5-54

（5）如果需要静帧画面可以选择一帧合适的状态，将布料塌陷后添加"平滑"修改器即可。

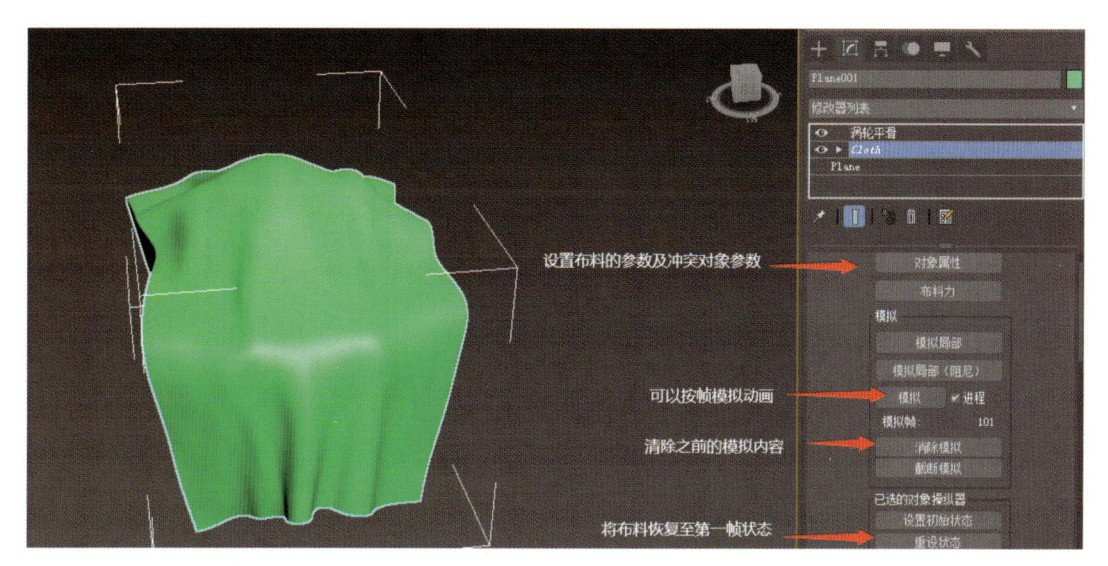

图5-55

参考文献 REFERENCES

［1］梁建超，王仁田，林清辉．职业能力培育视域下职业教育新形态教材的开发与应用研究［J］．中国职业技术教育，2022(26)：60-64．

［2］葛洪央，徐书欣．3DS MAX 三维设计项目实践教程［M］．4 版．大连：大连理工大学出版社，2014．

［3］唯美世界，曹茂鹏．中文版 3ds Max 2018 从入门到精通［M］．北京：中国水利水电出版社，2019．

［4］耿晓武．3ds Max 2022 从入门到精通［M］．北京：中国铁道出版社，2022．

［5］马建昌，刘正旭．3ds Max/VRay 室内外设计材质与灯光速查手册［M］．北京：电子工业出版社，2021．

［6］李彩霞，张建琴，刘敬龙．3ds Max 动画制作实例精讲教程［M］．北京：中国铁道出版社，2019．